筑境

中国精致建筑100

1 建筑思想

风水与建筑
礼制与建筑
象征与建筑
龙文化与建筑

2 建筑元素

屋顶
门
窗
脊饰
斗栱
台基
中国传统家具
建筑琉璃
江南包袱彩画

3 宫殿建筑

北京故宫
沈阳故宫

4 礼制建筑

北京天坛
泰山岱庙
闾山北镇庙
东山关帝庙
文庙建筑
龙母祖庙
解州关帝庙
广州南海神庙
徽州祠堂

5 宗教建筑

普陀山佛寺
江陵三观
武当山道教宫观
九华山寺庙建筑
天龙山石窟
云冈石窟
青海同仁藏传佛教寺院
承德外八庙
朔州古刹崇福寺
大同华严寺
晋阳佛寺
北岳恒山与悬空寺
晋祠
云南傣族寺院与佛塔
佛塔与塔刹
青海瞿昙寺
千山寺观
藏传佛塔与寺庙建筑装饰
泉州开元寺
广州光孝寺
五台山佛光寺
五台山显通寺

6 古城镇

中国古城
宋城赣州
古城平遥
凤凰古城
古城常熟
古城泉州
越中建筑
蓬莱水城
明代沿海抗倭城堡
赵家堡
周庄
鼓浪屿
浙西南古镇廿八都

筑境

中国精致建筑100

黟县民居

周海华　撰文/摄影

中国建筑工业出版社

出版说明

中国是一个地大物博、历史悠久的文明古国。自历史的脚步迈入新世纪大门以来，她越来越成为世人瞩目的焦点，正不断向世人绽放她历史上曾具有的魅力和光辉异彩。当代中国的经济腾飞、古代中国的文化瑰宝，都已成了世人热衷研究和深入了解的课题。

作为国家级科技出版单位——中国建筑工业出版社60年来始终以弘扬和传承中华民族优秀的建筑文化，推动和传播中国建筑技术进步与发展，向世界介绍和展示中国从古至今的建设成就为己任，并用行动践行着“弘扬中华文化，增强中华文化国际影响力”的使命。从20世纪80年代开始，中国建筑工业出版社就非常重视与海内外同仁进行建筑文化交流与合作，并策划、组织编撰、出版了一系列反映我中华传统建筑风貌的学术画册和学术著作，并在海内外产生了重大影响。

“中国精致建筑100”是中国建筑工业出版社与台湾锦绣出版事业股份有限公司策划，由中国建筑工业出版社组织国内百余位专家学者和摄影专家不惮繁杂，对遍布全国有历史意义的、有代表性的传统建筑进行认真考察和潜心研究，并按建筑思想、建筑元素、宫殿建筑、礼制建筑、宗教建筑、古城镇、古村落、民居建筑、陵墓建筑、园林建筑、书院与会馆等建筑专题与类别，历经数年系统科学地梳理、编撰而成。本套图书按专题分册，就其历史背景、建筑风格、建筑特征、建筑文化，结合精美图照和线图撰写。全套100册、文约200万字、图照6000余幅。

这套图书内容精练、文字通俗、图文并茂、设计考究，是适合海内外读者轻松阅读、便于携带的专业与文化并蓄的普及性读物。目的是让更多的热爱中华文化的人，更全面地欣赏和认识中国传统建筑特有的丰姿、独特的设计手法、精湛的建造技艺，及其绝妙的细部处理，并为世界建筑界记录下可资回味的建筑文化遗产，为海内外读者打开一扇建筑知识和艺术的大门。

这套图书将以中、英文两种文版推出，可供广大中外古建筑之研究者、爱好者、旅游者阅读和珍藏。

目录

黟县民居

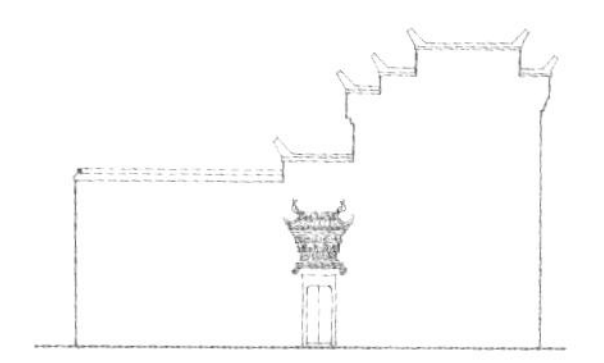

黄山，这个世界著名的风景旅游地，是众所周知的，黟县就坐落在它的西南麓，相距仅40公里。黄山市黟县地处皖南山区，属于原徽州地区。黟县境内无论县城或是乡村，随处都可见到大批明、清时代保留至今的民间传统建筑。如牌坊、宝塔、古井、石桥、亭、阁、书院、庙宇、祠堂以及大量的民间居住建筑，还有那街巷中古老的石板路和长年流淌着的溪水。有人说那是“东方文明的缩影”，在那里，你“可以找到古代和现代的衔接点”。就像梦境般地具有迷人的魅力。有一些学者认为，黟县民居“完全可以与意大利古城堡建筑相媲美”，是建筑师、画家、雕刻家“汲取创作灵感的源泉，也是历史学、人类学、民俗学实地研究的课堂”。

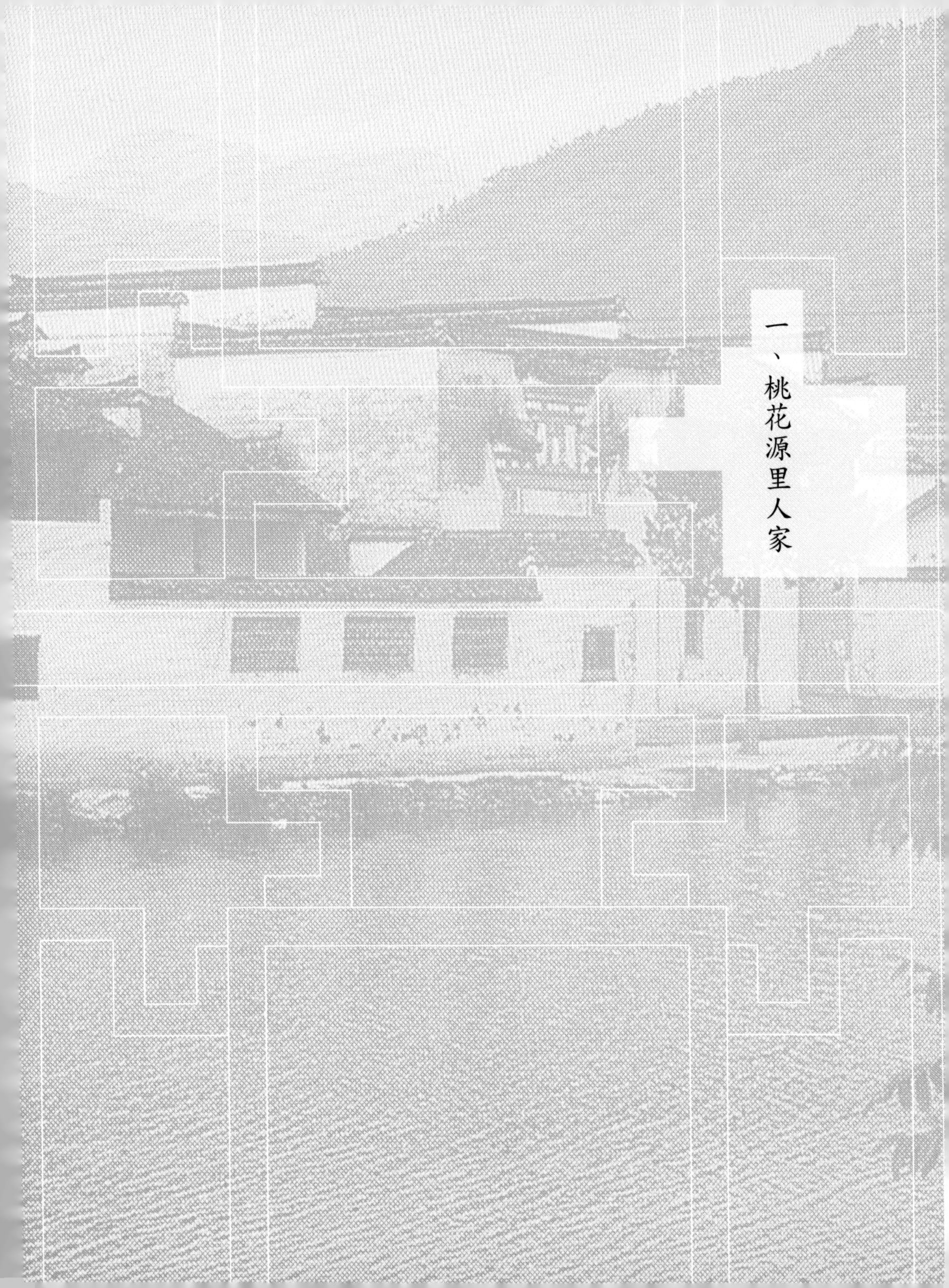

一、桃花源里人家

黟县传统民居和它的村落环境，具有其悠久的历史。古时黟县称“黝”，春秋战国时属吴国，吴亡属越国，后又归楚国。楚将陈婴讨平黝地建城于今县城以东5里的龙江古城。古黝封域甚广，东抵桐汭（今广德），西达鄱阳（今江西），北至秋浦（今石台），宛陵（今宣城）半在封域之内。当时整个皖南，包括浙西的遂安、淳安都属黝、歙之地，是被称为“山越”的土著居民劳垦生息的山林王国。秦（始皇）嬴政二十五年（公元前222年）正式建为县治，距今已有2200多年历史。据县志记载，当年不少居民是“为避秦乱而入，与世隔绝，不知朝代更革事”。汉成帝鸿嘉二年（公元前19年）八月，黝曾建立广德国，今县城北面建于梁武帝大同元年（535年）的广安寺，即为汉时广德两王故宫遗址。广安寺西侧的河堤称为“效上塍”是当年广德王国官员对着汉朝廷向北朝拜的地方。因黄山原名黟山，所以，至汉建安初县名改为黟县。据《三国志・吴书》记述，当孙吴政权沿新安江扩张时，遭到了山越农民的自卫抵抗，于是采取分而治之的策略各个击破。遂设新都郡辖黟、歙等六个县。唐玄宗天宝六年（747年）游黟山时，因崇道家之说，取轩辕黄帝炼丹飞升之典，将黟山改为黄山。

从卫星遥感照片中可见黄山山脉自东北向西南横贯黟县全境，境内重峦叠翠，清溪回环，景色异常秀丽，历史上素有世外桃源之称，自然景观极为丰富。溪水北入长江水系，南注新安江水系。县城即在著名的黄山风景旅

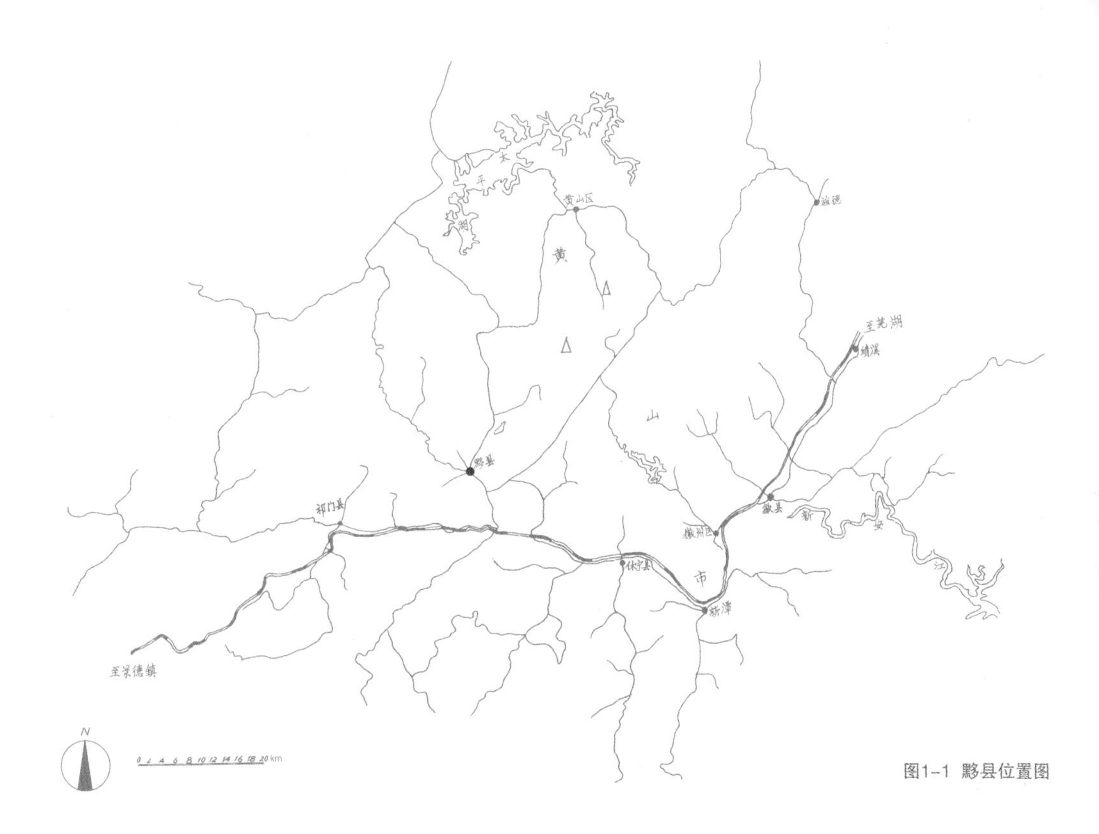
太
平
湖
黄山区
旌德
黄
山
市
至芜湖
绩溪
黟县
祁门县
歙县
新
安
江
徽州区
休宁县
屯溪
至景德镇
N
0 2 4 6 8 10 12 14 16 18 20 km

图1-1 黟县位置图

游区西南麓的章水之畔。那是一个面积百余平方公里的小盆地之中央，四周为群山环抱。古时沿章水北上，至一山洞，称为“桃源洞”，洞口刻有一副对联：“白云芳草疑无路，流水桃花别有天”。过了桃源洞顿显“豁然开朗，土地平旷，屋舍俨然，有良田美池桑竹之属，阡陌交通，鸡犬相闻”之景象，与《桃花源记》中所记情形无异。宋代《方舆胜览》一书对此也有类似记载。据《陶氏宗谱》记载，现在居住在黟县西武陶岭下村（古时称“五柳社”、“靖节里”）的陶姓居民的始祖是陶渊明的裔孙陶庚四。黟县传统民居中至今还挂有不少刻有“桃花源里人家”的匾额。桃源洞北面是“浔阳台”，石刻浔阳台三字系明代著名书画家董其昌手书，唐代诗人李白游黟时曾垂钓于此，并留下了不少诗句。他在《小桃源》诗中写道：“黟县小桃源，烟霞百里间，地多灵草木，人尚古衣冠。”

黟县历史悠久，代出名人，如宋之丘濬、汪勃、黄葆光、俞正燮；清人黄元治、黄士陵、汪曙、汪大燮、余帮平、余帮正兄弟，李能谦等著名学者、政治家。至于经商的就更多了，历史上素有“无徽不成镇”之说，黟县男子一到十三四岁就出门学徒，继以经营食盐、布匹、钱庄、纸店、南货、茶叶、百货等为主。当时徽商的黟县帮几乎遍布全国各地，成为徽商中的主力军。经商致富或是当了官的，衣锦还乡光宗耀祖，恩被乡族，置田地、建房屋、造书院、修祠堂。由于长期受儒学思想熏陶，相信人世轮回、因果报应之观念，所以商

县
石
台
黄
山
区
柯村乡
宏潭乡
美溪乡
洪星乡
祁
际联镇
碧山乡
碧阳镇
(县城)
门
西武乡
东沅乡
渔亭镇
宁
休
县
县
N
0 1 2 3 4 5 6 7 8 9 10 km

图1-2 黟县简图

贾富人中有不少急公好义、乐善好施的人，修桥铺路，行善积德，祈求来世能够更享荣华富贵。如清代江南第六大富商胡积堂不仅是著名的古玩、字画收藏家，而且在家乡西递村大造住宅、书院及“万印轩”、“笔啸轩”等建筑。他祖父胡贯三（胡学梓）也曾出银八万两建道教胜地齐云山下之“登封桥”和渔亭镇“永济桥”，并在西递村口建造“走马楼”、“凌云阁”、“迪吉堂”（俗称“接官厅”，专为接待军机大臣黄振镛时用）。其父胡元熙曾花十万两银子建徽州府治（歙县）“河西桥”。又如清咸丰、同治年间的巨贾李宗眉曾捐银八万两赈皖粤等地灾民，银万两修筑铜陵（长江）江堤七千几百丈（20余公里）以卫民田，还出资万金捐赠国子监《古今图书集成》一部，刻印罗愿所著的《新安志》、《七家后汉书》及著名学者俞正燮的《癸巳存稿》等巨著。至今南屏村李氏故居中仍保留着许多木刻书版。历史上素有“徽州富甲江南”之说，这

图1-3 宏村南湖民居建筑群西北面景观

黟县宏村南湖之畔的民居建筑群。近处是南湖书院“望湖阁”书楼、庭园围墙及书院正门的附墙门楼；书楼西山墙呈弧形，东山墙却是逐层跌落的马头墙；南湖建于明万历年间，距今已有四百多年历史。

图1-4 宏村南湖民居建筑群东北面景观

些富商或官家，回归家乡后大兴土木，同时也将外地的建筑风格带回黟县，所以黟县保留至今的传统民居吸收了江、浙、闽及沿海一带民居的某些特色，而且大多精雕细刻，装饰考究，与山清水秀的自然环境十分和谐一致。

二、象征荣耀的水口建筑

黟县古时辖12个都，如今为十个乡镇，共有大小村镇715个，据调查，县内至今共有明清时期遗留下来的传统民居3475幢，祠堂118幢，其中明代民居26幢，祠堂2幢。尤以三、六、九都（碧山、西递、屏山）和五都（南屏）、十都（宏村）等处数量较多，西递、关麓（四都）、南屏等处民居质量较好。地处皖南山区的黄山市黟县，无论是青山下、绿水旁，还是田野上、翠竹间，到处都可看到一座座灰白相间的村落，由一幢幢粉墙灰瓦构成的居民建筑群，随地形起伏分布得错落有致，鳞次栉比。从远处看去，黑白交映，轮廓鲜明，近观则尺度亲切，比例优美。无论是平房还是两三层高的楼房，一般都是左右并列或纵横相连。山墙都是高出屋顶，顺着屋顶斜坡层层跌落的马头墙，多数为一二跌，有的房屋进深大，则有五六跌。那些优美的青瓦屋檐，像是飘浮在万绿丛中一些颇有韵律感的直线，与曲尺形的马头墙交相辉映编织成一幅幅动人的图画。那家家户户高大的入口门罩（俗称门楼），在街巷狭窄的天空上构成了极其丰富的轮廓线。一般在民居的外墙上极少开窗，仅在楼层阁厢前面开有两个约高30厘米、宽15厘米上方有眉檐的小窗洞（俗称“溜风洞”），在大面积的墙面上起着画龙点睛的作用。民居之间多由小巷相连，巷道中常设有带券洞的隔墙，将小巷分割成数段，形成了一些半私有的空间供居民纳凉休闲之用。券洞及门楼上方常设有一方石刻门额，或字或画，增添了许多书香气氛。多数民居庭院的院墙上镶嵌着镂刻有各种图案的石雕漏窗。那大街小巷全都用青石板及河卵石铺砌，村村皆砌有水渠，溪水穿过街巷，流进民居庭院，长年川流不息，既能供洗涤、排污和灌溉，又起着消防作用。这些要素已经构成了黟县民居宁静典雅的景观特色。此外，还有石桥、古井、亭、廊、坊、塔、书院、祠堂等公共性建筑。

通常牌坊、塔等多设在村口，俗称“水口”的地方，周围常有大树。黟县古时建村造屋都十分讲究风水，先要请精通天文地理，有学问的地理先生（又称“地理师”）“相地”，对水源、道路、日照、采光、通风、消防等条件综合地加以考虑。如清弁山念道人辑《阳宅要览》中说：“水来处不可有高屋大树亭台等类，名曰天门不开不发丁财；水去处不可散漫无关锁，名曰地户不闭乏丁财。”所以，要在水流去处的“水口”建牌坊、宝塔、亭台等用以“镇水避邪，保丁保财”。如县城北面的碧山村村口的“云门塔”就是镇于章水之畔的一座极雄伟的建筑，这就是风水塔。此塔是座楼阁式仿木结构五层砖塔，建于乾隆三十七年（1782年），高36米余，正六角形平面，每边长2.64米。塔为砖砌，中央藏着高约1.9米，宽0.5米上部呈拱形的楼梯间，顺着六角形塔身盘旋而上。二三层塔身上均设有壁龛，并饰有彩绘，顶层中央设一根木刹柱用来支撑塔顶。外观每层六个面皆设有门或窗洞，其实有真假虚实之分。各层的六个翼角均挂有铜铃（古称“金铎”）并以链相连，随风发出悦耳的响声。登塔可眺望黟县城郭，远山近水，田野村舍的秀丽风光。塔下原为云门书屋，当年皆为文人吟诗会文之所。电影《小花》就在章水之畔、云间塔下拍摄过外景。矗立在西递村口的胡文光刺史坊则更加雄伟，那是一座四柱三间五楼仿木结构的石牌坊，高13米，宽9.6米，建于明万历六年（1578年），比歙县的许国牌坊年代更久，而且其结构之精巧为全国少有。整座牌坊均用当地产的“黟县青”黑色大理石做成，斗栱、梁坊、雀替、檐脊的飞鱼吻、石狮等构件皆用暗榫连接，雕刻工艺极为精湛。除檐脊龙首鱼尾吻外，柱坊等处还饰有龙戏珠、狮舞球、麒麟、麋鹿、仙鹤、孔雀、凤凰、牡丹、亭台、仙阁、八仙等以及结带花、云纹、如意卷草纹等各种图案的石雕作品。这座牌坊原是朝廷恩准为表彰、奖赏胶州刺史、荆藩首相、朝列大夫、奉直大夫胡文光而建，当时是胡氏家族显赫地位的象征，现在成了黟县人民和西递村民的骄傲和荣耀的象征。

图2-1 荆藩首相牌坊

（张振光 摄）/对面页

黟县西递村口的胡文光刺史坊，建于明万历六年（1578年），系四柱三间五楼仿木结构大理石牌坊。坊上的斗栱、雀替、石狮、吻兽等构件皆用暗榫连接，还精雕细刻着龙、凤、鹿、鹤、孔雀、麒麟、亭阁、八仙、牡丹、花卉、云纹和如意卷草纹等图案。此坊原系朝廷恩准为表彰、奖赏当时胶州刺史、荆藩首相、朝列大夫、奉直大夫胡文光而建。

祠堂是村落中的主要公共建筑之一，在封建宗法社会演变过程中，黟县真可谓“千年之冢不动一抔，千丁之族未尝散处，千载之谱丝毫不紊”，各个村落大多聚族而居。如屏山之舒姓、宏村之汪姓、西递之胡姓、八都之叶姓、四都之孙姓，等等，而且最重宗法，各姓普遍建有宗祠，按氏族支脉之众寡，又有总祠、支祠、家祠之分，所以，有些大村祠堂多达数十座，如西递村曾建有总祠、支祠、家祠共30余座。祠堂建造的规模还有严格的规定，

荆藩首相
登嘉靖乙卯科朝列大夫胡文

图2-2 胶州刺史牌坊（张振光 摄）

如官卑职微的，门前只能设一步台阶，大门高度也不准超过规定标准，官大的门前可以设置石鼓、石狮等以显示其威严。祠堂（俗称“厅厦”）乃礼仪祭祀及族长行使权力、奖惩族员执法之场所，其地位比寺庙殿堂更为神圣。过去旧历除夕和春节都在祠堂里辞岁拜年，娶亲嫁女新娘必须在祠堂大厅中上轿、下轿，第一次回娘家也要在祠堂内下轿。每年祖宗诞辰之日祭祖，先由族长主祭，接着后辈各房轮流设祭，仪式隆重热烈，常扩展到祠堂门口小广场和街道上，仪毕，村民们荡秋千、耍花船、化装游行等作各种集体娱乐活动。一般祠堂都有上、中、下三进，上厅为享堂，楼上设置本族祖宗牌位，中厅为祀堂，是举行祭祀仪式的大厅，下厅是吹奏鼓乐的地方，也可搭台演戏，内部空间相连，可容纳村民数百人。黟县祠堂中最为宏伟壮观的是屏山村的“舒庆余堂”，建于明万历年间（约1600年前后），面宽为五开间，前后三进，占地600余平方米。用水磨砖砌成的双柱三间三楼牌坊式附墙大门楼，高约10米，砖柱宽50厘米，略呈菱形，上面饰有精细砖雕的月梁。大理石门坊，木胎方砖贴面的双开大门，每块方砖皆呈45°镶拼成菱形网格状，并用铁皮压缝，方砖中央都用圆头钉（古时称为“浮沤”、“浮枢”或“钠铌”）固定，以显示其尊贵。整座门楼造型优美，气势雄伟而庄重。祠堂内部梁柱构架皆用硕大的银杏木制成，体形高大，步架规矩，雕刻精美，呈菱形的木柱直径约70厘米，柱下覆盆形础石，木柱与础石之间嵌有一层梓木制的柔软衬垫（古时称为“榍”），可以使木构架上部重量均匀地传递下去。柱间上方的月梁也略呈菱形，柱间与檐部皆用斗栱支承，丁头栱镂刻成卷心花饰，雀替上也雕满了图案，脊瓜柱下的平盘斗雕成绽开的莲花瓣状，两侧叉手深刻成卷草纹，形似彩带。像这样典型的明代祠堂目前已极少见了。还有南屏村叶氏宗祠“序秩堂”大门上至今还挂着“钦点翰林”、“钦赐翰林”、“钦取知县”等金字匾额，大厅横坊上也挂有“贡元”、“进士”、“经魁”、“松筠操节”、“津逮后生”等褒奖功名的横匾，石柱上雕有古鼎、宝瓶等祭器，大门两侧设有一对石鼓和旗杆墩子，显然叶氏家族也曾显赫一时。

三、家家门巷有清渠

古代村落选址十分讲究风水地理环境，在丘陵地带大多是“枕高岗，面流水，一望无际”；在山区则多“处于群山环抱之中而又围而不死”。一般村落均依山傍水，沿溪水建屋形成带状结构，随着人口增长逐渐发展为团状结构的村落。而村中的溪流往往构成网状水系，如同血脉一样连着一串串的民居。无论村落选址或民居建造，溪水往往起着导向作用。古代城镇大多沿江河设置，那是为了保证水路交通便于集散，而现代则已逐渐改向沿公路发展了。以西递村来说，北宋皇祐年间，胡氏五世祖士良公因公务往金陵，途经西递（古时又称“西川”，因位于徽州府西，曾设为驿站及“铺递所”而得名），见此处有“天马涌泉之胜，犀牛望月之奇，风潆水聚，土厚泉甘”，于是就选中这块宝地举家从婺源迁此，在“程家里埄上”这一带建屋定居下来。此外有群山环抱，但并未封闭住，有溪水流过而地势略高，雨季也不会受淹。西递村有前后两条溪水环绕，整个村落呈船形布局，象征胡氏家族当官经商世世代代都能一帆风顺，繁荣昌盛。溪水有时沿着街巷，有时穿过民居庭院，整个村落之水系形成网络，多数民居都临溪设门，故洗涤、排水皆十分方便。村中还设有上百口水井供村民饮用。对于村落中的水系古时曾有严格的保护措施，如水渠旁就立着这样的“公议禁碑”：“一议井前坦上无许倒垃圾，一议井泉水无许掺粪，如有违者罚金银一万。道光十七年正月，捐款人（名单）”西递村一度非常繁荣，横路街和前边溪中段是村中商业街，曾设有店铺六七十家。西递村有许多精美的民

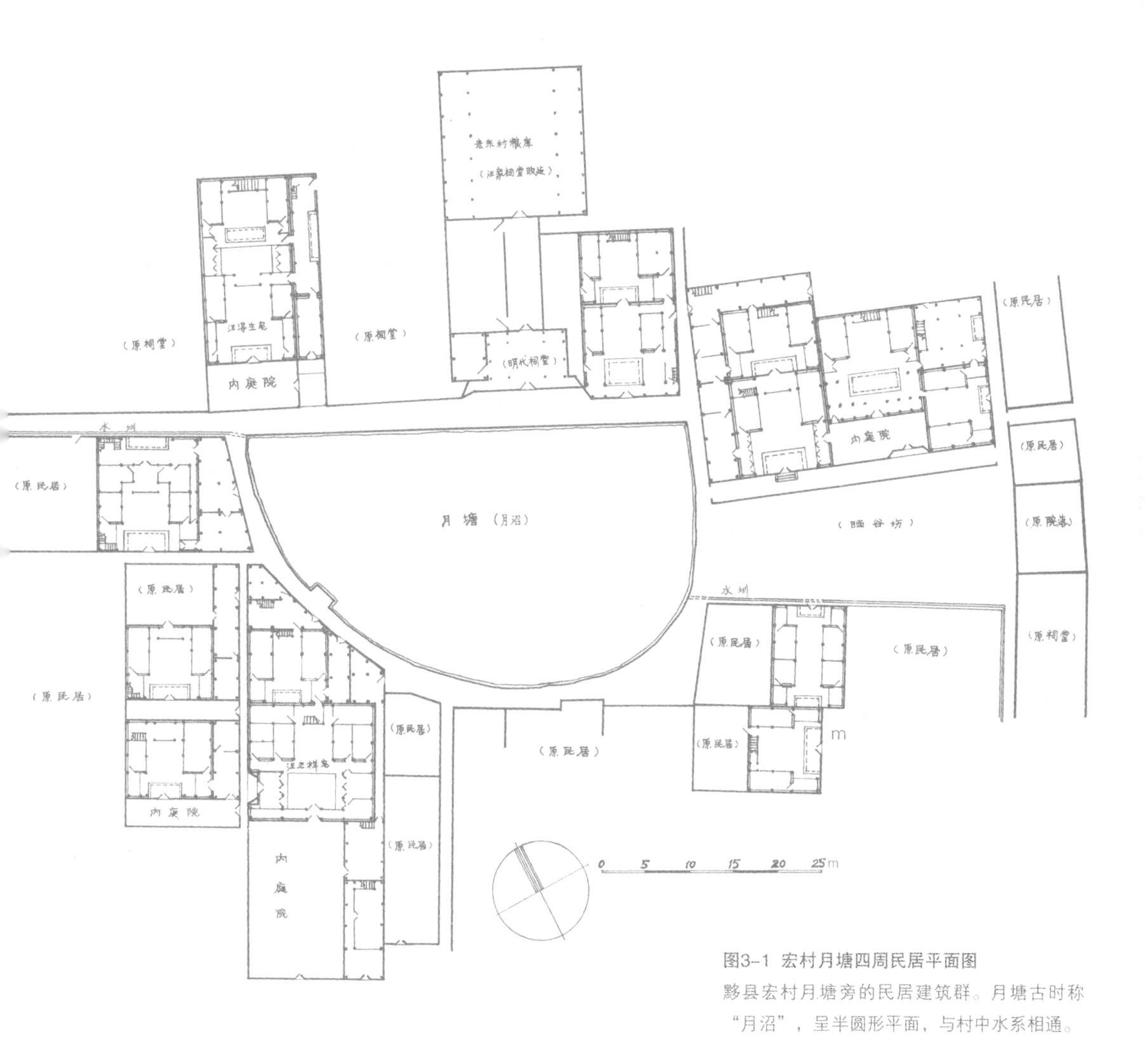

图3-1 宏村月塘四周民居平面图

黟县宏村月塘旁的民居建筑群。月塘古时称“月沼”，呈半圆形平面，与村中水系相通。

居建筑，环境十分优美。清代歙县人曹文植曾写诗描述过当年西递的情景，诗曰："青山云外深，白屋烟中出；双溪左右环，群木高下密。曲径如弯弓，连墙若比栉；自入桃源来，墟落此第一。"十都宏村的布局更有特色，宏村原称弘村，始建于南宋绍熙元年（1190年），距今已有800多年历史，据村志和汪氏宗谱记载，弘村汪姓系鲁成公次子颍川侯的后裔。汪氏六十六世宋代处士汪彦济（字公楫）精于"堪舆"（相地），因旧居奇墅遭盗贼焚毁，见此处"背有雷岗丛峙，堨溪环带，形势较胜"，便选址于此建屋，"藏起谱牒祖像，卜筑数椽"住了下来，这便是弘村始祖。到明代永乐年间达到鼎盛时期，已经烟火千家，栋宇鳞次。村庄坐北朝南依山傍水，呈牛形布局。北倚千树雷岗，好像高高昂起的牛头；南临潋艳南湖，浥溪河和羊栈河在此汇合为吉阳水，自北向南从村西流过，形似一条赶牛鞭；四座木桥像牛腿奋蹄；一条二尺多宽的水渠

图3-2 月塘朝西向民居
月塘朝西向的民居山墙作了重点装饰，破例地开了一樘宽大的槛窗，上方还设有瓦檐、飞鱼吻兽及图案；民居通向月塘的小巷设有一道弓形门洞，上设门额一方。

（俗称“水圳”）九曲十弯经半月形的“月沼”（俗称“月塘”）就像牛的肠、胃，渠水穿村而过注入南湖，那是牛肚；村西古老的水碓像是牛肺，村中鳞次栉比的楼舍如同牛皮。这是乡民们的共识。建造宏村水系时也是按风水行事，起先在村中发现一处泉眼，风水先生称：“宜扩之以储内阳水而镇朝中丙丁之火”，于是，就将其挖成半月形的池塘。明初永乐年间又按照风水要求从村西筑渠将河水引入村中，经九曲十弯与村中挖成的面积千余平方米的月塘连通。到一百多年后的万历年间，风水先生认为：“内阳之水还不能使子孙逢凶化吉”，于是又集资在村南开挖了面积约6500平方米的南湖作为“中阳之水”以避邪。其实随着村落人口的发展，为了满足生活、灌溉和

图3-3 月塘西南侧民居

月塘西南侧民居呈三角形的屋面，那是利用弧形不规则平面建成的厨房杂屋等附属建筑。

图3-4 汪浔生宅/后页

月塘西北侧一组民居系汪浔生宅大屋，马头墙凌空屹立，正屋、附房及庭院的附墙门楼均饰有飞檐翘角的瓦屋面和飞鱼吻兽。

消防之需，自然要不断增加溪水的流量。宏村古时商业街店铺林立，曾相当繁荣，民居则大多建在幽邃曲折的小巷内，临渠开门。街巷及水渠旁皆是用石板及河卵石铺砌的路面，下面设有暗沟，排放雨水及污水。古时村口建有牌坊和水口亭，名“睢阳亭”，共有南北两亭，中间设廊相连，甚为壮观，周围古木参天，至今尚存红杨、银杏巨树各一株，浓荫蔽日。杨树高18米，直径1.8米，银杏高20米，直径1米。宏村古时曾有八景：南湖春晓、雷岗秋月、西溪雪霭、月沼风荷、黄堆秋色、石濑夕阳、东山松涛、梓路钟声。古黟文人胡成浚曾写诗描述过宏村的景色：“何年就此卜邻居，花月南湖画不如；浣汲未妨溪路远，家家门巷有清渠。”

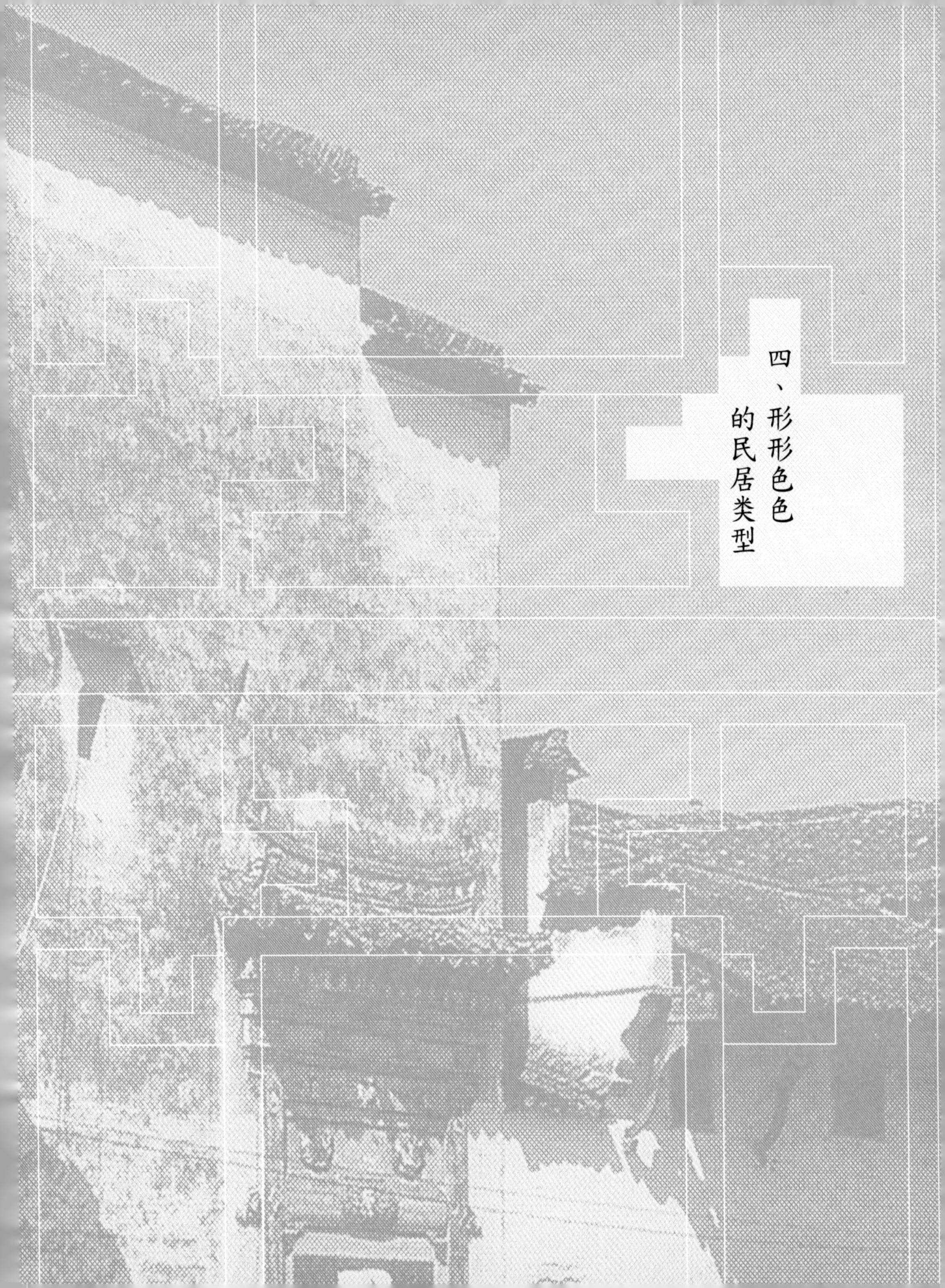

四、形形色色的民居类型

黟县传统民居有多种平面类型，布局极为灵活和紧凑。民居左右并列，前后相连，形成一片片高密度的建筑群，表现了民间对于土地的珍爱。

民居主要有以下几种平面形式：

1. 正三间：又称明三间，是最典型的平面形式。大门在正中，进入是天井，厅堂居中，两边是卧室。厅后有单跑中楼梯，与厅堂之间隔以木屏门间壁；也有在天井两侧的过厢处设大门及双跑楼梯的。楼上厅堂与天井两侧的厢房之间有廊相连。厨房、柴披等附属建筑则根据地形条件灵活设置，有的设在正屋一侧，有的设在前后。

2. 暗三间：同样是中轴对称布置，中间厅堂由大门上的门头窗采光，不设天井及过厢，两边卧室在外墙上开高窗；平房或楼层也有利用玻璃明瓦采光的。这类民居数量较少。

3. 四合屋：以天井为中心，上厅为正三间，下厅三间次之，天井两侧为厢房，大门多设在下厅中央或一侧过厢旁边。此类民居数量较多。

图4-1 西递村横路街民居建筑/对面页

黟县西递村横路街这片民居建筑除药铺为临街营业需要是坐西朝东外，皆是坐南朝北向的。进宅大门设在朝东山墙的过厢处。那高大的仿木结构牌坊式附墙门楼，梁坊之间大多镶嵌着带有各种图案的砖雕制品，顶部栓木瓦檐和山脊的两端均为飞檐翘角并饰有飞鱼吻兽；门框用黟县青大理石磨制而成。山墙顶部为层层跌落的马头墙。

4. 五间厅：又称五间联珠房。厅堂居中，两边各设两个卧室。天井、过厢、楼梯、大门等均与正三间相同。最具特色的是屏山舒村明代的舒继富宅，至今已有四百多年历史。该宅为三层楼五间联珠房。因明代时，人们主要起居活动在二楼而不在底层，所以该宅二层比底层高，俗称“楼上厅”，在阁桥木楼板上还铺有方砖面层，相当讲究。天井也较高大，能够获得较好的日照、采光和通风。上下略细、中间稍粗的梭形木柱、月梁、斗栱、柱础等构造皆具有显著的明代建筑特色。尤其是独间双柱三楼式砖砌附墙门楼，比一般民居的门楼显得更为精致，顶部飞檐走脊，翼角起翘，檐下是砖砌七踩斗栱，每个斗栱均以铁条为骨，就像现代的钢筋结构。门楼中间还设有砖制漏窗，两侧的附墙砖柱中部突起略呈弧形，与屋里的梭柱相呼应。厨房设在正屋的西侧。还有西递“惇仁堂”胡云宝宅，也是五间联珠房，并与两侧建筑连成一体，共设有一大、二小母子三

图4-2 傅瑞生宅平面图——正三间及书房独厅

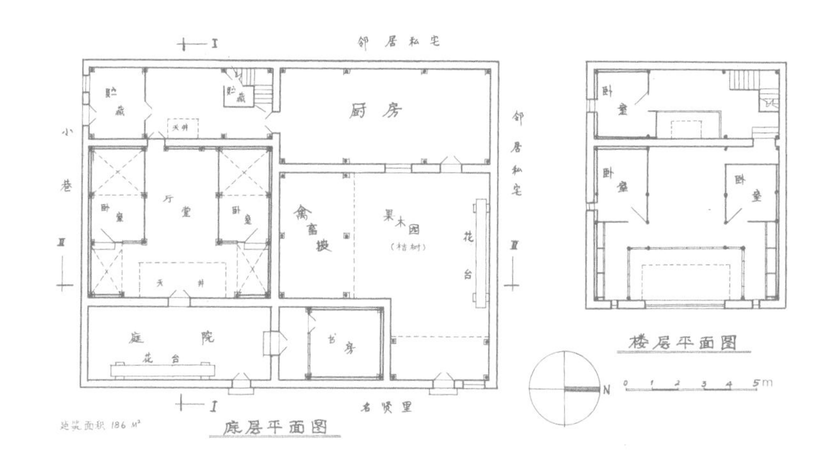

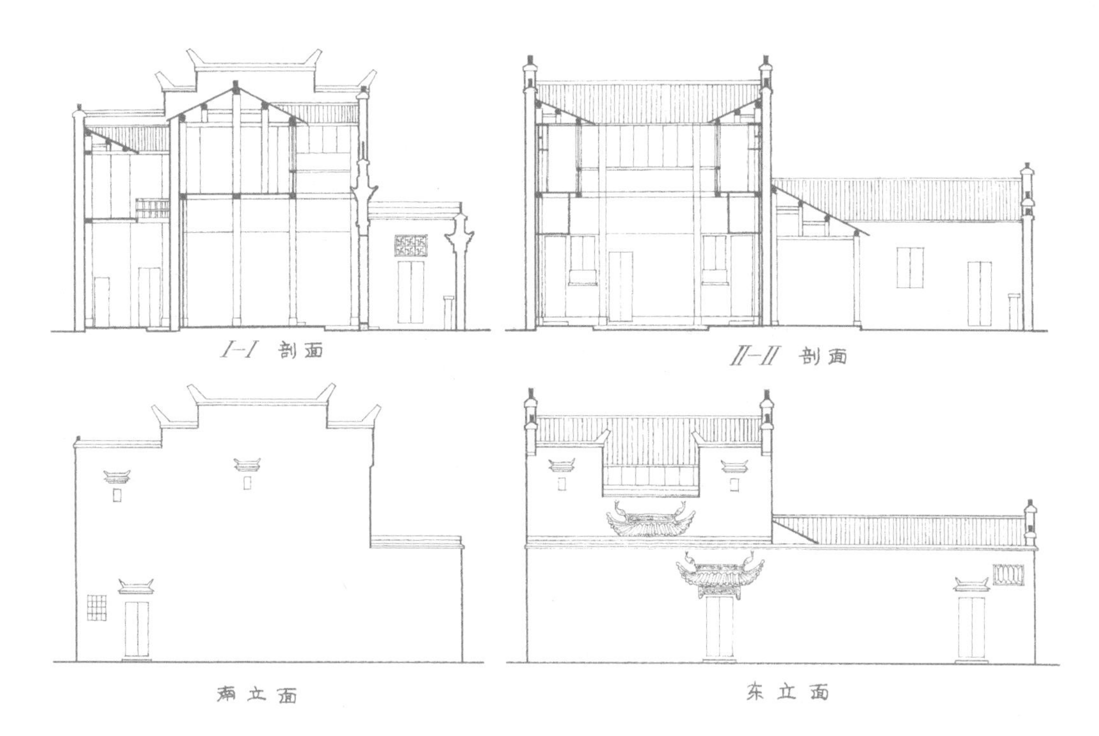

图4–3 傅瑞生宅立面及剖面图

个天井。因将卧室与厅堂建成不同的层高，卧室上部设置了夹层，并设活动短梯相连接，充分利用了卧室的上部空间，构造奇特而有趣。

5. 回廊三间：在正三间的基础上，将天井拓宽形成了内庭院，院墙四周设置敞廊，将内庭院环抱。大门设在庭院正中或侧厢位置。如屏山李信堂宅建于1902年，正厅两边的卧室上方还设有一夹层房间，在二层回廊两侧设有短梯，从二层回廊走下几步梯级方可进入夹层房间。这种结构极有特色，十分巧妙。

6. 前后三间：系由前后两进正三间相连接而成，前后两进之间均有门洞相通，所以只设一部楼梯。有的是将前后两进的天井背向设置，形成“H”形平面布局。这类前后数进的民居，前厅一般用作客厅，后进则常作为内眷使用。如西递“履福堂”胡福基宅，后厅上方至今还悬挂着刻有“清风徐来”字样的大木扇，就是古时佣人牵动绳索用它来替主人扇风纳凉的。城关泮林街吴家三元古井旁坐西朝东的程氏私宅，俗称“铁皮门大屋”，系建于明万历后期。该宅大门设在东北角。门高约3.5米，宽约2.5米，门厚近10厘米，双开木胎大门，表面全用方砖镶贴，并用圆头钉斜钉成菱形方格状，用铁皮压缝包边。连后进通往北侧厨房的侧门也是同样构造，十分讲究，不仅能起防火防盗功能，而且外景气势轩昂非常庄重。清代修建时在大门处增建木栅栏和门亭。天井东面的正墙高约9米，南北山墙高达12米多。二层宽敞的“楼上厅”有一寸多厚的木楼

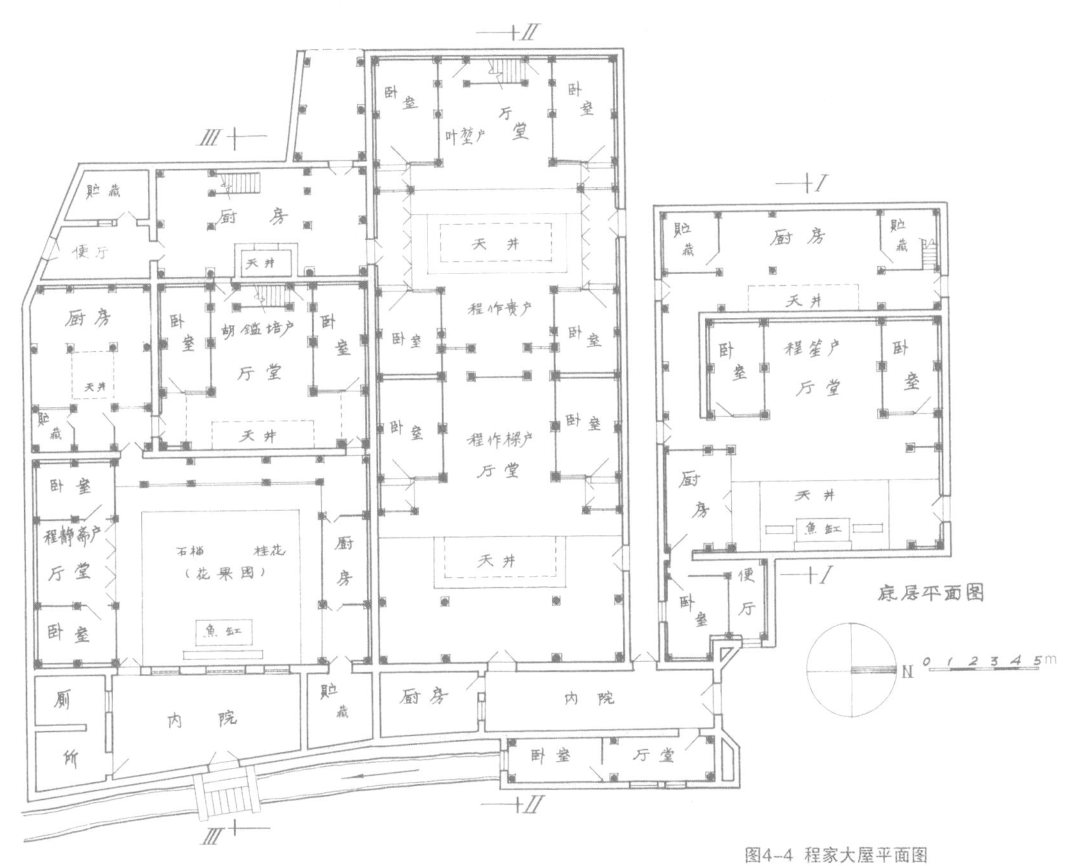

图4-4 程家大屋平面图

叶堃户：四合屋；程作梁户：回廊四合。

板，上面铺砌着方砖面层。底层用梭柱和覆盆础、月梁、斗栱。柱与梁枋之间的华板用黄泥拌石灰粉刷的竹筋芦苇制作。这些构造特征处处都显示出明代建筑的风格。天花板上还饰有图案典雅的彩绘，虽已年代久远，梁柱、栏板、窗扇上的油漆痕迹仍依稀可辨。该屋两侧木构架及卧室屏门木间壁距山墙约40厘米，所以有显著的防潮功能。

7. 回廊三间加倒座：较典型的如西递村胡家发宅，正屋为正三间二层楼房，　三面回廊，除门廊外全部围以槛墙，并在槛墙上设置菱花门、窗格扇，作为辅助用房，中间为内庭院。

图4-5 程家大屋立面图

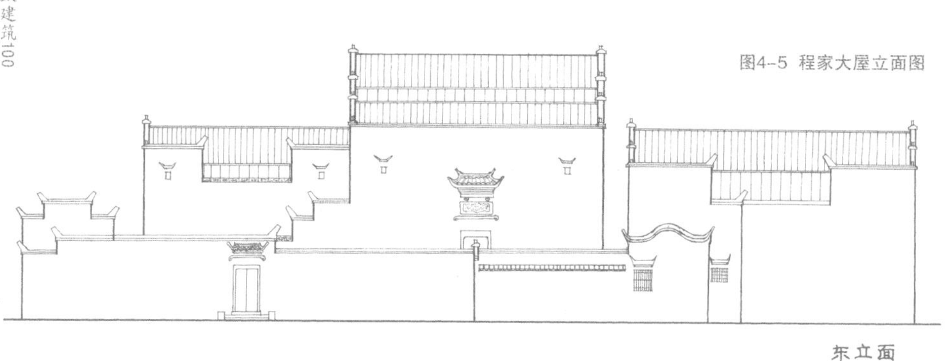

图4-6 程家大屋剖面图

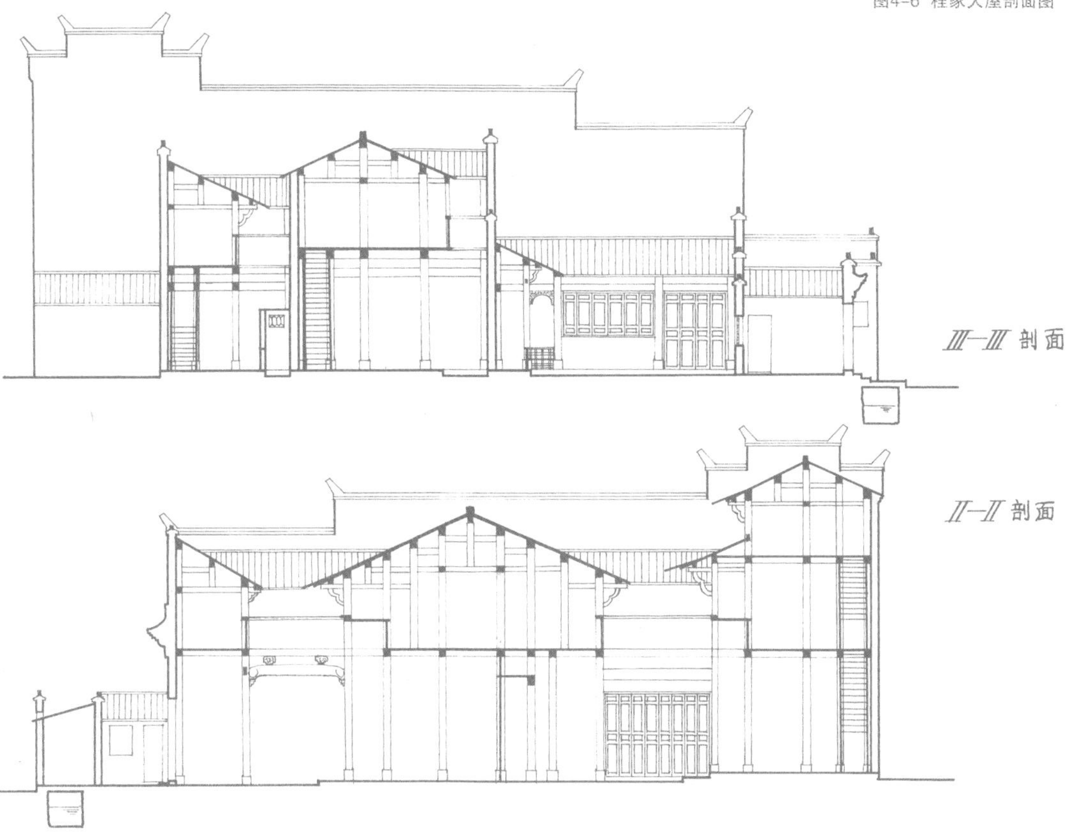

8. 回廊四合：俗称假四合。上厅、下厅及侧厢均为平房或楼房，中间为天井。平面与回廊三间相类似，三面回廊即两侧厢房及倒座均设为房间。如西递村王燮元宅。

9. 前三间后四合：由正三间与四合屋相并连而成。如碧山乡政府驻地，原何干义宅。

10. 前三后五加前后五间联珠房如宏村正街汪家大屋。该屋坐北朝南，前进正三间，尺度特别宽大，中间的厅堂也特别大，古时系供本族仪典之用。后进，在同样面宽下建五间联珠房；背后又加一进，也是五间厅；正厅南面是内庭院，两侧用矮墙分割成大小三个院子，矮墙上均镶嵌有方形和圆形石雕漏窗各一扇。中国古时有“没有规矩，不成方圆”之说，这显然是为了与大厅礼仪空间的气氛相协调。庭院前面又设有倒座，也是五间联珠房，除正中门厅用作客堂外，其余均为临街店铺。该屋均为两层楼房，唯正厅前部为一层单坡轩式建筑，设有斗栱及铺有望砖的卷棚式弓形天花。这种屋顶的做法，古时称为“暗厝”，带有“拜亭”之功能。按照中国古代礼法和风水观，在其下面所形成的空间，为一个既可与天井及檐廊相连，向外用以祀天地，又可向内与厅堂空间相连，用以祭鬼神及祖先，是相对灵活的空间。

以上各种平面形式或前后数进紧密相连，或左右平行排列，也可纵横交错布置。每接一进只需设一个天井，如此灵活地延伸可变化出

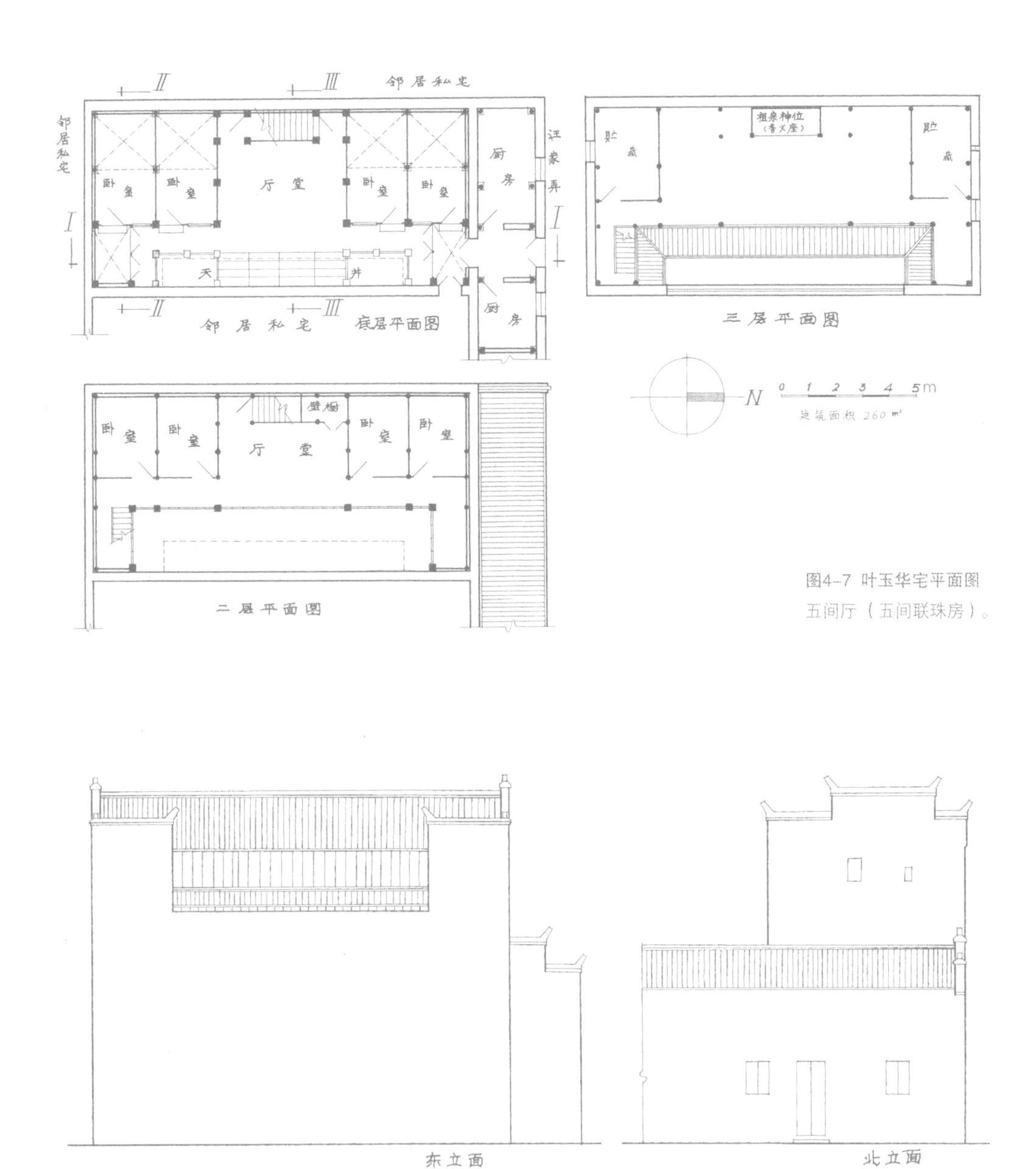

图4-7 叶玉华宅平面图
五间厅（五间联珠房）。

图4-8 叶玉华宅立面图

各种平面布局形式。每户又均设有庭院、书斋及厨房、杂屋等辅助用房。每幢之间则相互沟通，满足了历史上“聚族而居”的需要。这种高密度的建筑布局，对于土地资源极为珍贵的皖南山区，显得尤为重要，堪称充分利用土地之典范。黟县传统民居的各种平面形式，还有一个共同特点是强调中轴线两边严格的对称布局。这也是中国传统建筑的一大特点。房屋“取正”是象征“一统”，也是儒家礼教意识的反映。古时建房有“北屋为尊，两厢次之，倒座为宾，杂屋为附”之说，这就是礼制中的位置序列。黟县传统民居，一户中有数进，其卧室可依次分配给家庭中的不同成员，最能体现儒学思想中的男女有别、长幼有序等的伦理道德观念。同时，黟县传统民居都是以设有天井的封闭单元“进”为单位，互相连接成片的，其建筑构造形式等均有严谨的定制,所以,其形态显得协调、和谐而统一，可以说是相当“标准化”和“模数化”的。黟县传统民居的另一特点是大多数房屋朝向东方。也有些民居是坐南朝北，因大门迎向水之来源，寓有“望源”之意。中国古代的“五行”说，在建筑上代表方向和色彩：东方属木为青龙之青色；南方属火为朱雀之赤色；西方属金为白虎之白色；北方属水为玄武之黑色；中央属土为象征权力之黄色。因为火能克金,所以风水、星相学认为门朝南是“相克脉”、“三代当绝后”，故黟县传统民居都不敢坐北朝南开门。而只有县衙正堂例外，因历史上封建帝王都是“南面称霸”，或称为“南面治百姓”，所以，八字衙门可以无所顾忌地朝南开。

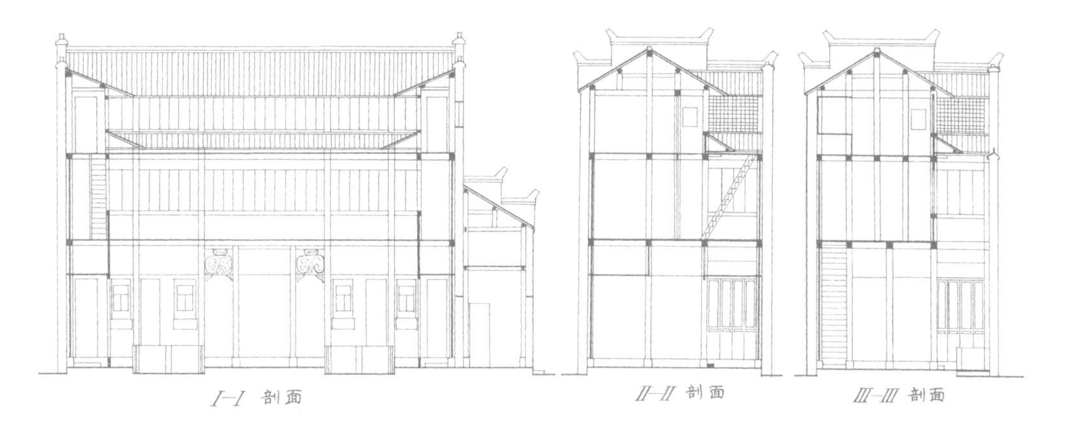

图4-9 叶玉华宅剖面图

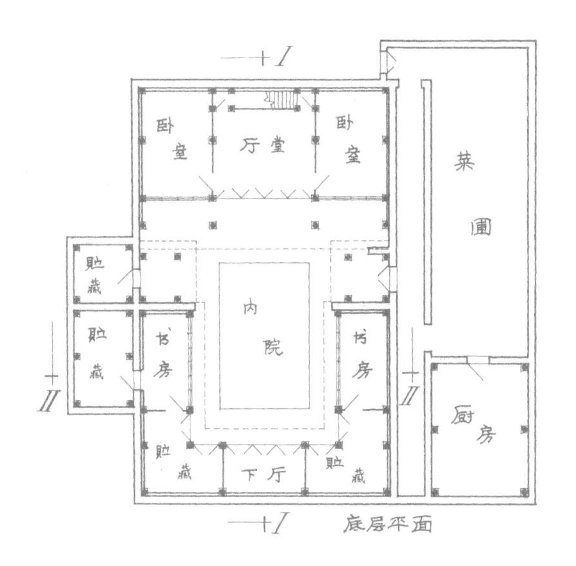

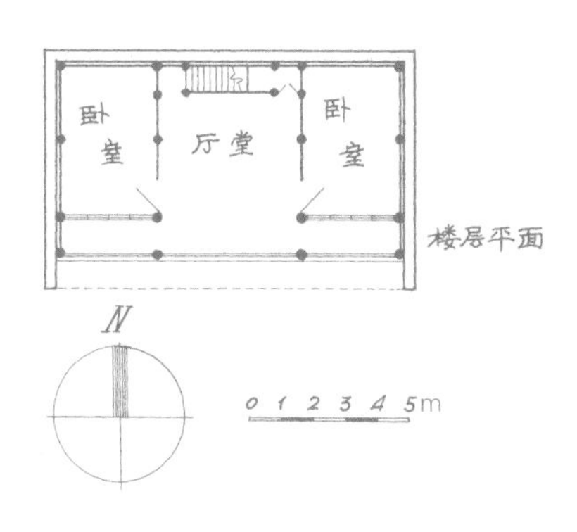

图4-10 胡家发宅平面图

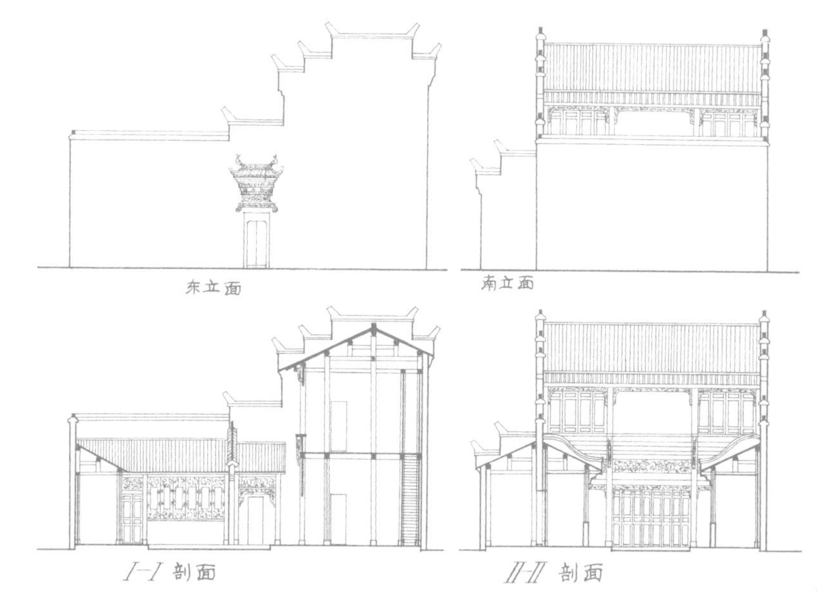

图4-11 胡家发宅立面及剖面图

图4-12 西武乡关麓下村并列连接的三座民居

黟县西武乡关麓下村并列连接的三座民居，除南边的附属用房外，其形式与结构完全相同，外观富有韵律感。庭院间既有分隔又设有边门，互相连通。门楼上方是砖雕构件镶嵌成的大漏窗。外墙白灰粉墙上饰有淡雅的墨迹图案和花纹。

五、书房和绣楼

如果说上面所述黟县传统民居的各种平面形式还比较严谨规则的话，那是由于人们长期受到封建宗法思想的束缚、影响和支配所致。为了追求艺术美和环境美，黟县的传统民居中除了正屋单元为较规整的平面布局以外，几乎家家户户都另辟一小型院落。往往随地形变化，与庭院相结合，灵活设置了许多“独厅”（即仅有一间厅或房）、“两间厅”（即一房一厅）等厢房式布局形式，供子弟专事书画。典型的书房格局是常设有门廊及可启闭的木制菱花隔扇门的开敞式书房。有的书房设在花园中或在菜圃内，还布置有各类花卉盆景，故称为 “花厅”。黟县历来多文人墨客，书香门第，所以，这类书斋、花厅也比较多。这些建筑布局极其自由活泼，完全突破了传统建筑的严谨格局。如城关弗家弄孙碧巧宅的书房、花

图5-1 西递村余松元宅“大夫第”绣楼

黟县西递村余松元宅“大夫第”绣楼，原系知府胡文照故居，是当年胡家小姐择婿抛绣球的地方。屋面木构斗栱、飞檐翘角；木雕灯笼框图案的菱花槛窗隔扇的外面还设有栏杆；檐下挂着一块刻着“桃花源里人家”的木雕匾额；东侧临街处匾额上题刻“山市”两字；底层大理石门框之上题有“做退一步想”的门额，反映主人退出仕途，回归故里的一种心情。

厅和庭院。宏村、西递等，几乎各村均有许多设有庭院的民居，并将溪水引进院内，在溪水或小池旁多建有亭廊水榭之类的园林型的建筑，或设置月洞门、瓶门、漏窗、景窗、美人靠及弓形的山墙等，大多带有精雕细刻的装饰。这类园林式的庭院及小品建筑给黟县传统民居创造了极其优雅的环境氛围。尤其令人赞叹的是西递"大夫第"和胡文照故居（即现余松元宅），将临街靠巷呈梯形平面的厨房的楼上建成亭阁式的"绣楼"。那是当年胡家的小姐择婿抛绣球的地方。站在绣楼上平时可以居高临下观赏热闹的街市和眺望群山景色。过去因受封建礼教的束缚，未出嫁的女子轻易不得随意走出宅门活动，整天只能深

图5-2 西递村"大夫第"之木雕阳裙/上图

黟县西递村"大夫第"楼层厅堂面向天井处的阳裙上雕满了飞云图案，两侧过厢处的阳裙上则是寿字纹雕饰；底层枋间华板处皆为镂空木雕装饰，雕有菱角纹、灯笼框及古木交柯等图案；檐柱之枋端饰有镂空的雄狮飞天。

图5-3 西递村"青云轩"胡光亮宅书房外景/下图

黟县西递村"青云轩"胡光亮宅书房大门，系采用黟县青大理石磨制成的圆洞门门框，门外即是宅内庭院。院中置有假山、盆景和各种花卉、树木，其中有一海螺珊瑚化石盆景，特别令人钦羡。人们出入书房、花园让人联想到如同月里嫦娥般地身临仙境。

居闺阁绣楼之中学习女红及琴棋书画消度时光。这座绣楼南侧紧靠在正屋山墙上，北侧飞檐翘角，木雕窗隔扇及扶栏，檐下窗顶挂着一块木雕“桃花源里人家”的匾额。东侧檐下的匾额上则题有“山市”两字，包含两层意思：一是远眺群山景色，二是近观人山人海的街市。底层厨房的北侧墙上镶嵌着两方带有眉檐的石雕漏窗，东侧边门是“黟县青”大理石门框，门额上题字为“做退一步想”，大概是房屋主人对退出仕途后的一种自我排解吧。这座“大夫第”上的绣楼建造得玲珑精巧，外观极为秀气。西递村另一幢民居中的绣楼则建成类似现代建筑中封闭式凹阳台的形式， 绣楼的外侧与东侧外墙取齐，整排隔扇窗面向宅内庭院，小姐在绣楼中可以观赏园中花卉、盆景、

图5-4 宏村某宅书楼和底层檐廊（张振光 摄）

宏村某宅书楼和底层檐廊，三面临水设有“美人靠”，如水榭，书楼底层设通排菱花隔扇门和槛窗；两侧山墙顶部中间呈弧形，两端是悬挑的马头墙；两侧山墙下部均镶嵌着由砖雕构件组合拼接成不同图案的透空漏窗。

池鱼等景色，并能看见进出花园的客人。

此外，黟县各个村落古时常在村落外围风景秀丽的山坡上，单独修建一组园林式建筑，称为书院，一方面是供本族子弟集中读书，同时也是主人收藏书画、娱乐消遣的地方。如西递胡氏二十六世祖琴生公当年曾在村东南的“笔啸轩”藏书画达数千册（幅）。《胡氏宗谱》及《中国美术家人名大词典》中记载了“笔啸轩”中的生活场景：“时当春花秋月夏云冬雪，先大夫（指琴生公）或抚琴而鉴古，或饮酒而赋诗，子弟读书声相与和答，其可喜可知，也可以遣怀涉趣，娱老颐年”。黟县保存较完整的书院，如建于清嘉庆十九年（公元1816年）的宏村南湖书院。当时93岁的翰林院侍讲，清代大书法家梁同书曾为南湖书院题写匾额曰：“以文家

图5-5 宏村南湖书院“望湖阁”书楼一角

黟县宏村南湖书院“望湖阁”书楼，面向湖面悬挑的马头墙随屋面斜坡层层跌落；庭院围墙中镶嵌着用砖雕构件并砌成图案的漏窗；山墙及庭院围墙顶部都盖有檐瓦和山脊；庭院中设有假山、花台、树木、花卉等；从庭院进入书楼的是一道圆洞门。

图5-6 弗家弄孙碧巧宅书房檐廊一角

黟县县城弗家弄孙碧巧宅书房，面向庭院的檐柱与梁枋之间饰有带镂空图案的木雕挂落，上面雕刻着凤凰及花卉；上部的华板上也雕有类似的图案；柱枋间的叉手、廊端的槛窗及裙栏等处均雕满了各种花纹图案。

塾”。至今，书院的门楼连同檐部精致的斗栱，大理石门坊，砖雕门罩、庭院回廊、古柏假山，以及挂有“湖光山色”匾额的望湖阁书楼等古建筑仍保存完好。其中有极为少见的弓形卷棚的轩式屋顶和两侧悬挑出的马头墙，造型极其优美。登阁远眺湖光山色皆成倒影，景色极佳，此处历来是文人吟诗聚会的地方。

六、显示主人地位的标志

图6-1 西递村胡祥生宅八字门楼
黟县西递村胡祥生宅八字门楼，系四柱三间五楼牌坊式附墙门楼；逐层向上悬挑的栓瓦结构顶部的六只翘角及门楼山脊两端的翘角均饰有飞鱼吻兽，鱼嘴上还有触须；驼峰、雀替、梁坊及门额等处均饰有带各种图案的砖雕作品；八字墙顶部瓦檐山脊是由一排带有镂空雕刻图案的砖雕制品拼砌而成。

图6-2 西递村某宅附墙大门楼
/对面页
黟县西递村某宅附墙大门楼，系三间四柱五楼仿木牌坊式结构；柱及门框皆系采用黟县青大理石磨制而成；上部仿木构架皆采用带有各种精细纹饰的砖雕制品镶嵌拼接而成，附墙五座山脊及仿木斗栱皆系镶嵌于墙体内的砖雕制品；飞檐翘角处的栓木和瓦屋面皆逐层凌空悬挑出来，翼角处均饰有飞鱼吻兽；瓦檐的勾头及滴水上皆施雕饰。

与挺拔秀丽的马头墙相呼应，构成黟县民居优美轮廓线的是那家家户户门口高大的牌坊式附墙门罩（俗称门楼），其基本构成有三个部分：下部是门框洞，中部是饰有砖雕或石雕作品的附墙枋柱，上部是飞檐翘角的瓦檐结构。门楼的构造形式繁多，因主人财势、地位不同有繁简之分：有单间双柱单楼、单间双柱三楼、三间四柱五楼或五间六柱七楼等。有的民居建成八字门楼，那两翼八字形墙面的内侧常是辅助用房。门楼正中为富丽堂皇的大理石门框和黑色厚实的木制双扇大门；门楼中部大多镶嵌着刻有奇花异草、飞禽走兽、亭台楼阁、 戏文人物故事等各种图案的砖雕或石雕；门楼上部梁坊椽檐俱全，檐部逐层向外悬挑，顶部铺小青瓦，飞檐走脊，翼角起翘。有的檐脊两端还饰有龙首鱼尾的鸱尾吻兽。中国传统建筑中常在屋脊等处缀以鸱尾、鱼龙等水生动物

图6-3 黟县城直街某宅八字门楼

黟县县城直街某宅八字门楼，系垂花柱式梁枋结构。垂花柱紧靠在两侧的八字墙上；月梁下的雀替、支承撩檐枋的叉手和上部的两个驼峰上均雕刻着龙、云及寿字等图案；门楼顶上可见瓦屋面的檐栓和飞子；大门门框系采用花岗石雕刻而成。

图6-4 西递村“东园”门楼（张振光 摄）

黟县西递村“东园”门楼，系胡萍荪宅书房大门，设在朝东正面墙的北侧。台阶及弓形门框皆系采用黟县青大理石制成；黑漆厚木双开大门；弓形门框上方镶嵌着一块石雕门额，呈画卷状，中间刻有“东园”两字及诗文一首；其上是飞檐翘角的附墙门楼，山脊两端饰有砖雕的飞鱼吻兽；最上面还设有一扇形“双扣菱”（古时称为“定胜”）图案的镂空石雕漏窗，既利于室内采光，又使门楼立面造型别具一格。

以及惹草、悬鱼、蝙蝠、如意等饰物。从风水观来讲，其意皆为“镇火”，是将屋顶象征为海，用水克火，不论是水生动物或水生植物，都是企盼有灭火的功能。有的则是象征吉祥。有的民居如碧山乡政府所驻原何千义宅，还做成只有王公府第才有资格设置的悬空垂花柱式的门楼，比起一般的附墙门楼来，其雄伟的气势更显示其主人地位之尊贵。还有的门楼上部饰有斗栱和贴金彩绘。西递村刺史胡文光故居（即现查永兴宅）的八字门楼，两侧翼墙都是采用整块大理石磨制而成，光可照人，堪称绝佳工艺品。有些祠堂的附墙门楼做成三间四柱五楼或五间六柱七楼的牌坊形式，那是为了象征和显示宗法统治之权威。各式各样的门楼在狭窄街巷的上空勾勒出极其丰富的轮廓线。多

图6-5 西武乡关麓下村某宅庭院入口门楼

黟县西武乡关麓下村某宅庭院入口门楼，是大理石磨制成的门框和台阶。双层庭院大门，对外是双开菱花格扇门，对内是双开厚木大门；门楼顶部的脊檐与院墙脊檐合二为一，是用砖雕构件镶嵌成的透空图案；院内可见通向果木园的拱形门洞，那拱形门框也系大理石磨制而成；上方设有磨砖砌成的门额边框；正屋墙上是进宅大门门楼上方的脊檐和飞鱼吻兽。

图6-6 西武乡关麓下村胡国民宅附墙门楼

黟县西武乡关麓下村胡国民宅附墙门楼的脊檐和檐下的花边边框和驼峰、雀替，均饰有雕着精细图案的砖雕制品。该屋建于光绪年间，门额上雕着“吾爱吾庐”四字，那黛绿色的字迹百年不褪，清晰如初。巷侧另一民居的折线型马头墙造型优美，那是位于庭院一侧附房的山墙。

数门楼附墙而建与两侧墙体平齐，有时遵照风水要求，往往将门楼与墙面偏一个角度，从而改变了大门的朝向。如石亭某宅开在西侧外墙上的大门朝向由正西改向偏西南方向，以期“逢凶化吉”。有时为了对景，使人们出门就正对某一佳景，或者为了避开某一劣景或不祥之物，所以，此类改变大门朝向的情况也常有发生。由于门楼内外两侧有着完全相同的立面和构造，进入门楼之后，仍可见头顶上一片蓝天，所以，往往会让人感到迷惑：自己究竟是在里面还是仍在外面呢？内外空间的分界似乎已经模糊了。

七、屋里也能见天日

黟县传统民居的四周是封闭的高墙，除了高大雄伟的门楼外，墙上很少对外开窗。那是因为黟县人具有“财不外露”心理和抵御战乱、盗贼的需要。为了解决高墙内居室的日照、采光和通风问题，所以天井是十分必要的，阳光能够从天井照射到厅堂上，厅堂两侧卧室的窗户都能够直接或间接地从天井获得光照。对于底层、楼层或天井两侧的过厢，天井能起到通风换气的作用。对于室内气温和湿度调节天井也具有重要功能。天井四周设有精制的排水系统，坡屋面的雨水向天井处汇集，黟县人称之为“四水归堂”、“财不外流”。天井上方屋檐处多设有锡制的水砚和落水管，也有采用陶制落水管的。天井四角与水砚相连

图7-1　关麓下村某宅门楼内景

黟县有些民居进入庭院后便是这样一小间，相当于门厅间的建筑，人们开闭大门时，可不致淋雨。两侧是山墙，附墙门楼下面盖有单坡屋面，里面柱枋梁架齐全。向外可见面向街巷的一道双开菱花门隔扇，上面镂刻着典雅的花纹图案，显得十分美观；里侧一道则是坚固厚实的双开板门，有利于民居的防盗安全。

图7-2 西递村某宅门楼内景

黟县西递村某宅门楼之内景，是面向天井内侧之立面，与门楼外侧临街巷一面有着同样的构造；门楼上方的雀替、驼峰、门额之边框及附墙山脊等处均饰有带各种图案纹样的砖雕。

处常饰有四块方形锡板，上面铸有“福”、“禄”、“寿”、“禧”或“风”“调”、“雨”、“顺”等的四个字，以祈吉利。雨水经水落管排入天井，天井地面一般用石板及河卵石铺砌，下面设有暗沟与街巷内的水渠相通。多数天井还设有长条石架起的供桌，上置各种花卉盆景，既可祭祀又可供观赏。从空间的性质来看，天井既是从大门进入厅堂，使之相联系的过渡空间，又使半开敞的厅堂空间得以扩大和延伸。中国古代礼法的祭祀程序是先祀天地后祭鬼神及祖先。天井是祀天地的空间，而厅堂则是祭鬼神及祖先的场所，古时人

们把天井看做人与天地神灵交融沟通的神圣空间。而按照风水理论来说，是非常讲究所谓“气”之聚散与收纳的，认为天井由于“上授阳光雨露通于天，下收天地精华基于地”，是“藏风纳气”之空间，汇集雨水象征收纳生气与财气，意味着福运大吉。厅堂也是中国传统民居中的一个神圣空间，对古时候的士大夫阶级而言，厅堂是族人揖让升堂、登堂入室或行礼执仪的礼仪空间；而对平民百姓来说，厅堂则是敬神祭祖、处理婚丧喜庆、生老病死等重大事情的地方。所以，厅堂正面屏门木间壁墙上及靠墙长条桌案上布置有各种象征性纪念物，如中堂之上设祖宗神位或挂着身穿官服的祖宗彩色画像（黟县人称为“容”）。条案上东侧设瓷瓶帽筒，西侧是绘有人像或名画的磁镜，俗称“东瓶西镜”，意指“平静”，与肃穆气氛相协调。厅堂的天棚和中堂两边的横坊（俗称“山枝照”），以及灯梁、驼峰、雀替等处，皆是重点装饰的部位，大都布满了各种

图7-3 黟县某宅楼层天井之一角

黟县某宅楼层天井的角柱处设有叉手以承托呈45°方向悬挑出的角梁，上面支承着撩檐枋、檐栓、飞子和水砚等的重量；正面可见下厅楼层的菱花槛窗隔扇，窗隔扇、叉手及枋间的华板等处均饰有镂空雕刻的各种图案；上部可见外墙顶上的瓦檐结构；侧面过厢柱枋之间饰有带镂空图案的木雕挂落。

图7-4 黟县某宅天井之一角/左图

黟县某宅天井的檐部设有锡制的水枧，转角处可见“福”、“禄”、“寿”、“禧”等字样；灯梁中部、驼峰、雀替、阳裙斜撑等处均饰有带各种图案的木雕制品；枋间的华板、阳裙上面的栏杆及过厢处柱枋之间的挂落等处均系带镂空图案的木雕饰品。

图7-5 黟县某宅底层厅堂之轩式天棚/右图

黟县某宅底层厅堂之轩式天棚，为厅堂前缘与天井交接处的弓形轩式天棚。这种古时称作“暗厝”的卷棚顶上，可见望砖下的弓形栓木；月梁上的檩木、驼峰、叉手及灯梁下的雀替上均刻有各种图案的贴金木雕制品；中间的月梁下饰有一对贴金的镂空木雕雄狮；卧室门套上方的横枋上贴金雕刻有云朵纹和一对悬鱼图案；横枋下的华板上也带有镂空图案的木雕制品。

图案的镂空木雕和贴金彩绘。也有许多民居将祭祀空间设在楼上厅堂内，底层厅堂的中堂之上则悬挂山水轴画及匾额楹联，接待宾客作为礼仪空间时，更显示出一派书香门第的景象。厅堂正中设八仙桌、太师椅，厅堂两侧是排列整齐的茶几和太师椅。古时进入厅堂“圣境”必须严格按照礼法规矩，分宾主、序尊卑，按照排定的位置依次一一落座，不能有丝毫的紊乱。甚至坐的姿态也有规矩，要挺腰直身、双手扶椅、双膝垂立、双目平视，显出庄严斯文的神情。所以，厅堂空间往往充满了一种庄严肃穆或稳定宁静的气氛。为了与这种气氛相配合，有些厅堂与天井之间常设置高大的整排菱花门隔扇，其高度通常与厅堂一样高，超过人体两倍，所以具有十分轩昂的气度。这种菱花门隔扇是可以自由拆卸的，所以厅堂与天井空间就连为一体了。有的民居因为进深过大，为了保证厅堂内侧能获得较好的日照、采光和通风效果，往往特意将邻近天井边缘处的楼面结构局部抬高，有的则将这部分楼板截去，形成一个“采光井”，让天井上空的阳光能够直射进来。采光井的四周还饰有镂空的栅栏，构造非常精巧别致，为厅堂增色不少，如屏山某宅及西递“桃李园”胡增伟宅。除了具有纪念性的祭祀功能及接待宾客的礼仪功能外，厅堂在

图7-6 西递村胡增伟宅“桃李园”后进厅采光构造/对面页
黟县西递村胡增伟宅“桃李园”后进厅堂上方的楼板和阳裙上的采光构造奇特。楼板中央留洞形成“采光井”，四周的栏杆和面向天井的阳裙处均饰有镂空的“灯笼框”图案；阳光从镂空处照射进来，使厅堂里侧变得特别明亮。楼上“采光井”又提供了观察厅堂情景的通视条件。

传统民居中又具有日常起居空间的用途。除了睡眠之外，人们在家中的大部分时间都是在厅堂中度过的。天井两侧的过厢及厅堂前部靠近天井边缘的檐廊，平时是妇女洗衣做家务的地方，邻近厨房一侧的过厢处常设有洗脸架、梳妆台等。黟县传统民居的厅堂大多很高，所以显得十分宽敞舒适，而相比之下，卧室的面积就比较紧凑，是一种较为经济合理的设计方法。由于厅堂与天井空间相通，夏天十分凉爽，冬季阳光也能照射进来，故仍较温暖，但遇到阴冷天气或结冰下雪时，厅堂上就比较寒冷了。当地人采用了一种独特的采暖方式：那是一只只椭圆形上下一般粗的大木桶，俗称“火桶”，桶底可置一火盆，内燃木炭，桶内可容两三个人围坐，膝上盖一层毯子，坐在里面十分暖和，别有一种特殊的亲情。

八、高度私密性的卧室

图8-1 西递村某宅卧室之木雕槛窗细部

黟县西递村某宅卧室，在槛窗的窗棂隔扇之外，设有一道带有正万字、定胜及波涛纹等镂空雕刻图案的“栏杆”，其上部是做成挂落状的镂空雕饰。这种做法在宋代《营造法式》中称为“钩栏槛窗”，这种典型的做法在黟县民居中被广泛采用，而且形式各异，图案也丰富多彩、各具特色。

图8-2 黟县某宅卧室门套之菱花门隔扇细部

黟县某宅卧室门套之菱花门隔扇的上部是镂空雕刻的水生植物之类花纹图案；中部的绦环板上雕有宝瓶、箭壶及各种花卉等图案；菱花门之一侧可见卧室钩栏槛窗外面的木雕装饰图案。

黟县民居的卧室设在厅堂的两侧，卧室的四周木柱之间全都用屏门镶拼成的木间壁，天花板和地面也是阁桥（寸余厚楼板）木地板，比厅堂地面高20—30厘米，整个卧室就像一个封闭的木盒子，所以具有良好的防潮防寒效果。但卧室内光线较暗，通风也较差。多数民居卧室门前还设有一小间门套，有的称作门斗或耳房，先进入门套的双开菱花门后方可进入卧室房门，所以，黟县民居具有高度的私密性。卧室面宽不足3米，只能够放下一张床，进深则为4—6米，空间呈狭长形。大多数民居卧室中都设有“金屋藏娇”式的木雕花床，俗称“满顶床”，床的雕饰极其考究，可以说是“房中之房”了。卧室两侧摆着衣橱、箱柜及密闭的马桶箱，靠窗一般设置桌案，全套家具

图8-3 西递村某宅卧室钩栏槛窗之细部

黟县西递村某宅卧室钩栏槛窗的窗棂隔扇外所设的“栏杆”之下部，镂空雕刻着宝鼎、花瓶、乐器、宝剑、云朵、花卉及水生植物等各种图案；下方正中雕成造型优美的蝴蝶状窗洞，里侧还镶嵌着玻璃，便于从卧室内观察窗外情形。

图8-4 西递村某宅卧室之木雕钩栏槛窗

黟县西递村某宅卧室木雕钩栏槛窗上部蝶形窗洞，周围镂空雕刻着许多花卉，四角均是飞蛾图案；中部是戏文人物故事之情景；下部也雕有花草和花纹边框的图案。里面是双开窗木隔扇，纵横细档构成“码三箭”图案。此窗造型优美，艺术性高。

图8-5 西递村某卧室之木雕钩栏槛窗/对面页

黟县西递村某宅卧室之木雕钩栏槛窗，上部可见向内开启的双开菱花窗隔扇，镂空构成“灯笼框”图案；中部也是戏文人物故事场景浮雕，下部两侧是花卉图案浮雕，中间是蝶形窗洞，四周布满许多花草图案的浮雕；蝶形窗洞是便于从室内观察来访者而设。卧室耳房门隔扇的镂空图案是冰花和冰裂纹；上部是波涛浪花的镂空图案。

一般都漆成暗红色。有许多民居在卧室上空与楼层之间设置了一个夹层空间，因比较干燥，多用来存放衣被等物件，设有活动短梯上下。楼上的卧室也是用木间壁及木板天棚做成像木盒子般的小室，有时作客房用。与底层不同的是上层卧室不设门套，直接从檐廊进入卧室。

一般民居楼层部分的装修都比较简单，柱子、梁、坊等构件上都不像底层那样有精致的雕饰。楼层厅堂及两侧过厢靠近天井边缘处均设有整排菱花隔扇窗，窗下是栏板（俗称阳裙），面向天井一侧均饰有精致的木雕。民居的顶层大多是作为储藏空间使用的，同时也起隔热的作用。楼上的厅堂的上部是屋顶形成的三角形空间，可以看见梁结构。有些民居在顶层厅堂中央设神龛，供祖宗神位或穿官袍的彩色“容”像，作为祭祖的祭祀空间。

九、琳琅满目的雕刻作品

黟县传统民居中随处可见砖雕、木雕、石雕等雕刻作品，分别设置在民居的门楼、梁枋、门窗隔扇、栏杆、墙裙、驼峰（又称“柁墩”或“荷叶墩”）、雀替、挂落、漏窗等部位。雕刻之图案、花纹极为丰富，可谓琳琅满目，而且处处都精雕细镂，工艺精湛，每一件都是雕刻艺术之珍品。

砖雕：黟县古时采用事先细磨成坯后经特殊工艺精心烧制成的黏土砖为雕刻材料，在其上面镂刻出各种图案。如翎毛、花卉、龙虎、狮象、山水、园林、八仙、财神及各种戏文人物故事等，这些砖雕作品常设置在民居、祠

图9-1 宏村南湖书院八字门楼檐部

黟县宏村南湖书院八字门楼正中四根高大的石柱采用黟县青大理石制成，与木制月梁、横坊用暗榫连接；驼峰上雕刻的图案，古时称作“卐川”形式；檐部是七踩斗栱，其上支承着撩檐枋、檐栓及飞子等层层悬挑的瓦屋面；侧向可见八字门楼侧翼八字墙顶部的瓦檐结构。

图9-2 黟县某宅檐口及马头墙细部/左图

黟县县城某宅檐口及逐层挑出的马头墙底下，粉墙边缘处用黑色描绘了各种素雅的图画和花纹边框；撩檐枋下的檐柱及梁枋处的雀替、叉手等均雕有各种图案；阳裙上部设有带镂空纹饰的栏杆；撩檐枋上可见檐栓及挑出的飞子；檐部的勾头及滴水上皆雕着各种图案。

图9-3 黟县某宅木构架一角/右图

黟县某宅木构架正立面，面向庭院式天井的一侧。底层厅堂的通排菱花门隔扇上满雕着各种镂空图案，有插着箭的宝瓶、水草、花卉及古木交柯图案；檐柱枋端饰有镂空雄狮飞天，并作了贴金装饰；楼层的阳裙栏杆撑木上也带有镂空水草花卉图案的贴金雕饰；透过菱花门顶上透空的灯笼框图案，可见饰有彩绘图案的厅堂天花板。在黟县像这类中国古建筑雕饰、金饰、彩饰三大装饰齐全的房屋比比皆是。

图9-4 黟县某宅天井一侧木构架上的贴金木雕装饰/上图

黟县某宅天井一侧木构架上的贴金木雕装饰。正面枋间的华板上镂刻着神态各异的众多人物，展现了一幅场面极为宽广的戏剧故事画面；雀替、驼峰、山枝照、叉手、阳裙斜撑等处均雕满了像官员、人物、花卉、云彩等各种图案的贴金木刻图案。

图9-5 西递村"桃李园"胡增伟宅厅堂隔扇木雕装饰/下图

黟县西递村"桃李园"胡增伟宅厅堂木雕隔扇，系厅堂两侧构成木间壁的十二扇菱花门隔扇上的木雕精品，上面刻着清代著名书法家黄元治手书的滁州太守欧阳修的名著《醉翁亭记》之全文。黄元治系黟县黄村人，曾任云南澄江知府，黟县"桃源洞"旁有一峡谷，古时称为"樵贵谷"，故此文落款自称"樵谷黄元治"。

堂、庙宇、书院等建筑的门楼上，以及牌坊上面。有些民居是设在外墙窗楣或庭园花墙上。由于这种砖色泽纯青、掷地有声、质地优良，所以，虽经岁月磨砺已有些风化剥蚀，但至今仍显得玲珑剔透耐人欣赏。有的民居中还采用经水磨光的三线砖砌成漏花景窗，组成各种图案，景窗四周砌成六边形、长菱形等的边框纹饰。

木雕：黟县民居中的木雕作品数量较多，成为各类民居较普遍的装饰物，只不过繁简程度不同罢了。一些断面粗大的横梁，常刻成略呈弧形，两端刻出环状浅槽，其状如月，所以称之为月梁（俗称冬瓜梁）。有的还刻有云纹、草纹等饰线，也有的刻着象征吉祥、长寿的蝙蝠等图案。在木槛窗下部常镶嵌着雕刻有各种图案的整块装饰栏板。楼层围绕天井四周的栏杆、裙板（俗称阳裙），上面都布满了木雕作品，雕刻的图案随年代的变化逐渐由简而繁。栏杆之上那整排可以拆卸的菱花窗隔扇上雕刻得更加精细，与厅堂和卧室大面积的屏门木间壁形成明显的对比。窗隔扇的尺寸、比例和网格图案形式多样、美观大方，有柳条纹、菱花纹、冰裂纹、八块柴、正万字、码三箭、灯笼框、步步锦等。清代以后的民居中木雕图案更显繁复，有的民居在几扇门窗隔扇的绦环板上分别镂刻渔翁、樵夫、农民、书生，代表“渔樵耕读”，意思是“遇朝皆读”（黟县方言的谐音），这是勉励勤学苦练。有的刻着一只宝瓶，里面盛着三枝戟，其意是：官职"连升三级"（黟县方言"盛"与"升"、"戟"与"级"皆系谐音）。有的槛窗隔扇上还雕有"百忍图"等。厅堂上的木柱、月梁、驼峰、叉手、雀替、斗栱、过厢上方的落地罩（又称挂落），以及裙板、卧室槛窗下的装饰板上等，也都刻有各种图案的木雕装饰。如亭台城郭、和合如意、山水花卉、飞禽走兽、戏文人物故事等。现东源乡政府内有一对木雕盘龙柱，际联乡政府内过厢上方饰有木雕弯月罩等都极为罕见。有些厅堂的雀替上刻有雄狮，又在枋端刻着官员，也有的是将官员刻在狮子上方连成一体的，意思是"升官"（黟县方言"狮"与"升"系谐音）。雉山卢宅内刻有"八骏图"、"十鹿图"两块木雕作品，刻

图9-6 西递村某宅厅堂灯梁细部

黟县西递村某宅厅堂前的灯梁中央和过厢前的月梁中央及驼峰上均雕刻有人物故事的图案画面；灯梁两端雕有云朵纹饰；厅堂与两侧过厢楼上的阳裙均饰有镂空雕刻的各种图案；过厢处的月梁中央雕着几名官员。

图9-7 西递村某宅天井一角

天井四周楼层的栏杆、裙板（俗称阳裙），上面都布满了木雕作品。雕刻的图案随年代的变化逐渐由简而繁。

得体态各异、栩栩如生。最令人赞赏的是西递“桃李园”胡增伟宅厅堂上，竟然将清代著名书法家黄元治手迹欧阳修的《醉翁亭记》全文镂刻在厅堂两侧的十二块屏门木间壁上，真是无与伦比的木雕艺术珍品。

石雕：黟县传统民居中石雕作品数量更多，可说是举目皆是。全是采用当地开采的“黟县青”黑色大理石镂刻而成。如民居庭院等外墙上镶嵌着许多石雕漏窗，其形状及镂刻的图案极为丰富多彩。有矩形、圆形、菱形、方形、扇形。有的漏窗就像一片秋叶；有的则似一朵彩云；雕刻的图案有龙凤、蝙蝠、狮虎、珍禽、异兽、山水、花鸟、松石、竹梅、琴棋书画、文房四宝、花瓶玉器、八仙、财神、寿星、仙鹤、麒麟送子、福禄齐天、双龙戏珠、狮子滚球、鱼跃龙门、吉祥如意、双夔龙、三扣菱（古称“定胜”图案），以及各种戏文人物故事等。也有的漏窗刻的是寿字、冰裂纹、万字纹、蟠螭纹等图案。除石雕漏窗及前面已介绍过的石牌坊和门罩以外，还有各种门额上的雕刻作品，有字有画。如西武关麓下某宅门额上题“吾爱吾庐”四字，秀丽的黛绿色字迹百年不褪，有的民居之石雕门额上面题字看上去如同一卷展开着的画，体现了典雅的情趣。此外，长演岭某宅有一幅“文王访贤图”石雕作品，反映当时屋主不甘埋没的心情。东源乡政府内有一幅“桃源问津图”浮雕石刻，长1.6米，宽0.8米；珠川“文叙堂”（即现珠坑小学）有“十鹿图”、“八骏图”石雕各一块，均为长1.4米，宽0.6米。“文叙

图9-8 西递村胡增伟宅庭院门厅梁架雕饰

黟县西递村胡增伟宅进入庭院门楼的门厅间，木构架上的月梁、驼峰、雀替等构件均雕满了戏文人物故事、兽类、花木等图案的浮雕。柱坊之间雕着一对站在狮头上的官员（黟县方言“狮”、“升”谐音，寓意“升官”）。

堂”外还有午朝门、三步金阶、丹池及一对石鼓，那抱鼓石上还雕刻着城池山水、亭台楼阁。此外，石雕花盆、鱼池、水缸、石桌、石凳之类的石雕制品，在黟县城乡各地更是比比皆是，不计其数。“黟县青”大理石材质坚柔润泽，纹理细腻。黟县琅坑产的砚石，可与“端溪”、“龙尾”相媲美，历史上曾是制作歙砚的好材料。据县志记载，清乾隆年间，黟县东源乡有个名叫余香的石工，身怀绝技，还能利用“黟县青”石料制作石箫、石笛，而且皆能中律合调。由此可见古时黟县石工技艺之精湛。

十、书香门第何其多

图10-1　西递村黄炳文宅“西园”（张振光　摄）/前页

黟县西递村黄炳文宅“西园”之庭院呈狭长平面，用两堵矮墙将其分割成三部分。隔墙上设弓形门洞和漏窗；采用黟县青大理石磨制成的弓形门框；门洞上方镶嵌着一块石雕横额，雕刻成画卷状图案，中间刻篆体“西园”两字；漏窗系用砖雕制品拼砌而成。大理石搭成的花台上和庭院各处皆布满了花卉、盆景和名贵树木。

图10-2　黟县城横沟弦程宅庭院一角

黟县县城横沟弦程宅之庭院，系天井扩展而成，院中置满各种花卉盆景及金鱼缸；正面院墙上设有弓门一道，门的上方两面墙上均镶嵌着带有题字的石雕门额；院墙中间还镶嵌着圆形石雕漏窗，那是用整块黟县青大理石镂空雕刻而成，雕的是云朵纹及双龙戏珠图案；两侧过厢处的院墙上方做成分层跌落的马头墙；过厢处在实砌槛墙上设有通排菱花隔扇的槛窗。

黟县向来多书香门第，所谓“万般皆下品，唯有读书高”，读书做官历来受人尊重。当然经商也同样受重视，这可以从至今仍挂在黟县民居厅堂两侧的许多楹联中看出来；如“几百年人家无非积善，第一等好事只是读书”、“读书好营商好效好便好，创业难守成难知难不难”。黟县传统民居的中堂两边及厅堂两侧的木柱上大多挂满了各种楹联，其内容大多是一些体现封建伦理道德而又发人深省的警世名言。如“孝悌传家根本，诗书经世文章”、“惜衣惜食非为惜财缘惜福，求名求利但求自己莫求人”、“敦孝悌此乐何极，嚼诗书其味无穷”、“世事让三分天宽地阔，心田存一点子种孙耕”、“肯不亏不是痴人，能受苦方为志士”等。黟县民居中的楹联以西递村为最多，有些还是红底金字或蓝底金字，出自名手的木质漆联。大户人家另辟的书房庭院，院内的溪水池塘，养金鱼、植莲荷，构筑亭廊水榭，倚坐在“美人靠”（又称“鹅颈椅”）上，可以读书，可以观景。用各色河卵石铺砌的园路，砌成各种图案。院中设置的假山、盆景、松石、竹梅、果木、花卉，按着主人的喜好布置各异。如雉山某宅庭院内有一张用整块大理石镂刻成的石桌和一对石凳，十分奇特，那石桌上还饰有花边和古钱图案；一对石凳则好像是扎着彩带上面又盖着坐垫的两捆竹柴，每根竹段看上去好像都是空心的，真是一件罕见的石雕艺术珍品。西递“西园”即黄炳文宅庭院的空间处理非常

图10-3 西递村某宅庭院院墙一角

黟县西递村某宅庭院的白色粉墙上用单一的黑色描绘了花卉图案、花纹边框及人物故事图画，显得淡雅清秀、画中有数名官员等人物，表述某一典故或戏剧场景；院墙顶部采用砖雕制品拼砌成一排山脊，造型美观。

图10-4 西递村黄炳文宅“西园”之石雕漏窗/左图

黟县西递村黄炳文宅“西园”之石雕漏窗，系镶嵌在外墙上，是用整块黟县青大理石镂空雕刻而成；称为“岁寒三友”的松、竹、梅，加上石头，构成松石和梅竹两幅图画，刻工精细，堪称石雕艺术之精品。一幅是梅竹图，另一幅是松石图。

图10-5 黄炳文宅“西园”石雕松石图漏窗（张振光 摄）/右图

有特色：饰有花砖漏窗的隔墙，将庭院巷道分隔成数段，使庭院空间变得曲折迂回，妙趣横生。古时有花园、菜圃之分，“西园”庭院的花园与菜圃之间有一口井，所以在花园拱形券门的门额上刻着“井花香处”四字，而在菜圃门额上则刻有“种春圃”三字；墙上还镶嵌着“松石图”、“梅竹图”镂空石雕漏窗各一块，雕刻工艺特别精细。西递“青云轩”胡光亮宅的庭院中摆着许多假山、花卉、盆景，其中有一只海螺珊瑚化石；与优雅环境相和谐的是书斋的大门门框是采用大理石磨制成的圆洞门，人们出入花园书斋就会联想到好像月里嫦娥般地身临仙境，可见构思之巧妙。除

图10-6 西递村胡福基宅履福堂

（张振光 摄）

黟县西递村胡福基宅厅堂——履福堂。中堂挂着象征长寿的松鹤图，两边楹联是："孝第传家根本，诗书经世文章"、"世事让三分天宽地阔，心田存一点子种孙耕"，两侧中柱中上也有一联："几百年人家无非积善，第一等好事只是读书"；板壁上还挂有名人字画，其中有道光年间"松石道人"程兰舟所作的一幅指画"猫戏蝶"和指书诗句。

了雕刻作品和庭院布置等都十分高雅外，厅堂中的字画和陈设也都显示出房屋主人的文化素养。特别是西递胡福基宅"履福堂"上挂着的字画特别令人钦羡，其中有道光年间松石道人程兰舟所作的一幅指画"猫戏蝶"和指书诗句（以手指当笔写字作画）尤为珍贵。据胡氏《五世传知录》记载，"履福堂"建于清康熙年间，距今已有三百余年历史，原是大收藏家胡琴生的故居，曾收藏了宋、元至清代的书画、古玩等数以千计。

黟县现存明清民居统计

序号	乡镇	祠堂（幢）			民居（幢）		
		合计	其中明代		合计	其中明代	备注
1	碧阳镇	29	1		1482	2	县城：泮林街“铁皮门大屋”屏山：舒继富宅
2	际联镇	22	1		609	6	宏村1；芳村1；甲溪4
3	渔亭镇	6			61		
4	东源乡	11			232	3	西递2；严岭1
5	西武乡	6			727	15	吉筑3；黄村12；鲍村2（明末清初）
6	碧山乡	7			371		
7	洪星乡	5			21	1	
8	柯村乡	24			106		
9	美溪乡	6			3	2	
10	宏潭乡	2			6		
	合计	118	2		3618	29	

大事年表

朝代	年号	公元纪年	大事记
唐	昭宗天祐元年	904年	梁王朱全忠胁迫唐昭宗李晔从长安迁都洛阳，途中皇后何氏生一子，为歙州婺源之胡三秘密收养，取名昌翼字宏远，改姓胡。昌翼长成后知其身世就在婺源考水隐居经学，五代时中明经科，故称为明经胡氏始祖。
北宋	皇祐年间	1049—1054年	胡氏五世祖士良，因公务途经西递铺（古时为铺递所），见此处似世外桃源，便举家从婺源迁来西递，在“程家里埄上”定居，程姓迁离后，西递为胡姓独居了。
北宋至元	北宋熙宁十年至元至正八年	1077—1348年	胡氏从六世祖汉清至十三世祖仲宽，代代单传，故西递村当时人口不足百人，民居大多是单层木结构简易房，沿溪而建，村落呈带状延伸发展。
明	成祖永乐年间	1403—1424年	从胡氏十四世祖仕亨起，西递人口逐渐增多，西递开始就地开采石料大量兴建住宅和祠堂、牌坊等建筑。
	神宗万历年间	1573—1620年	在村口建胡文光刺史牌坊。重修明初所建会源桥和北宋所建古来桥及大量住宅。村落逐渐呈团状结构不断发展扩大。

朝代	年号	公元纪年	大事记
明	熹宗天启年间	1620—1627年	建仕亨公祠敬爱堂。西递村中心逐渐由程家里埄移至会源、古来两桥之间。至康熙年间西递村已建有贞节坊、烈女坊、孝子坊等12道牌坊和30多座祠堂。
清	圣祖康熙年间至宣宗道光年间	1662—1850年	为西递鼎盛时期，共有男丁三千。部分外出当官经商，村中总人口约三四千人。胡氏二十三至二十六世应海、贯三、如川、元熙、积成、积埙、积堂、文铎等从商致富还当了官。如贯三公（胡学梓）雍正年间成为江南第六大富商。为迎接亲家曹振镛宰相，特在村口建走马楼、凌云阁，并在家祠追慕堂旁建"迪吉堂"作为礼仪宴庆的接待厅。还捐资修桥铺路建书院。当时西递村面积约80公顷左右。繁华商业区地段共有六七十家店铺，除各类商店外还有烟馆、赌场、戏台、妓院及三家轿行。
	文宗咸丰以后	1850年后	即胡氏二十八世后，由于清政府腐败，帝国主义入侵，战乱不断，特别如八年抗日战争，徽商产业失去保障，经济收入大减，于是西递村逐渐衰退败落。人口渐趋减少，大批民居、宗祠、牌坊被拆除。

“中国精致建筑100”总编辑出版委员会

总策划：周　谊 刘慈慰 许钟荣

总主编：程里尧

副主编：王雪林

主　任：沈元勤 孙立波

执行副主任：张惠珍

委员（按姓氏笔画排序）

王伯扬 王莉慧 田　宏 朱象清 孙书妍
孙立波 杜志远 李建云 李根华 吴文侯
辛艺峰 沈元勤 张百平 张振光 张惠珍
陈伯超 赵　清 赵子宽 咸大庆 董苏华
魏　枫

图书在版编目（CIP）数据

黟县民居 / 周海华撰文 / 摄影. —北京：中国建筑工业出版社，2013.10
（中国精致建筑100）
ISBN 978-7-112-15752-5

Ⅰ.①黟… Ⅱ.①周… Ⅲ.①民居-建筑艺术-黟县 Ⅳ.① TU241.5

中国版本图书馆CIP 数据核字（2013）第197073号

责任编辑：董苏华 张惠珍 孙立波
技术编辑：李建云 赵子宽
图片编辑：张振光
美术编辑：赵 清 康 羽
书籍设计：瀚清堂·赵 清 周伟伟 康 羽
责任校对：张慧丽 陈晶晶 关 健
图文统筹：廖晓明 孙 梅 骆毓华
责任印制：郭希增 臧红心
材料统筹：方承艺

中国精致建筑100

黟县民居

周海华 撰文/摄影

中国建筑工业出版社出版、发行（北京西郊百万庄）
各地新华书店、建筑书店经销
南京瀚清堂设计有限公司制版
北京顺诚彩色印刷有限公司印刷

开本：889×710 毫米 1/32 印张：$2^{7}/_{8}$ 插页：1 字数：123 千字
2015年9月第一版 2015年9月第一次印刷
定价：**48.00**元
ISBN 978-7-112-15752-5
（24327）